乌兰察布市
草原有害生物彩色图鉴

张东红　侯鑫狄◎主编

中国农业出版社

北　京

编　委　会

标 本 制 作 人 员　　刘建峰　席海燕　戴桂香　王黎君　石俊宝
　　　　　　　　　　巴　彦　岑　峰　王晓宇　高　鹏　王有琪
摄　影　制　图　　　娜仁满都呼　娜布其亚　支　杰　王丽萍
　　　　　　　　　　杨　立　王　霞　乔建霞　樊文婷　李　敏
　　　　　　　　　　王　宏　黄晓宇　乌兰朝鲁　苏　秦　乔志宏
　　　　　　　　　　张　婷　忻雅娜　曹煜东

　　乌兰察布市政府高度重视草原生态环境，为全面摸清乌兰察布市有害生物种类、发生面积及危害程度等，开展草原有害生物普查，从而系统评估草原有害生物危害现状及未来发生发展趋势，科学规划草原有害生物防控工作重点，提升草原有害生物防治工作水平，夯实草原有害生物监测预警基础工作。

　　在普查过程中，采集了大量草原有害生物标本，并建立了乌兰察布市草原有害生物标本库，共记录害鼠10种、害虫31种、毒害草41种、病害58种。本书描述了每种草原有害生物的形态特征、生活习性、发生地点等特征，图片清晰，文字通俗易懂，具有较高的科研参考价值。

　　本书编写过程中，专家不仅提供指导与帮助，还对内容进行校正，在此表示深深的感谢。受编者水平所限，错误难免，敬请读者斧正。

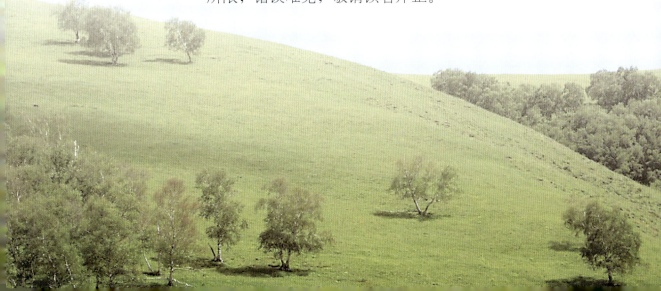

CONTENTS 目 录

第六章　风险评估

第一章 项目区基本情况

一、草地资源概况

乌兰察布市拥有广阔的天然草地，是内蒙古天然草地的重要组成部分。全市草地总面积5 106.43万亩[*]。其中，天然草地面积4 957.56万亩，人工牧草地0.72万亩，其他草地148.15万亩。地带性草地占全市天然草地面积的93.19%；低地草甸类和温性山地草甸类占全市天然草地面积的6.81%。温性典型草原类面积最大，占全市天然草地面积的40.64%；其次为温性荒漠草原类，占40.29%；温性山地草甸类面积最小，占0.43%。四子王旗天然草地面积最大，占全市天然草地面积的60.61%；集宁区天然草地面积最小，占0.42%。全市天然草地资源丰富多样，地带性草地从东南向西北依次分布有温性草甸草原类、温性典型草原类、温性荒漠草原类、温性草原化荒漠类，海拔2 000m左右的山地垂直带上有温性山地草甸类分布，隐域性低地草甸类在全市各地广泛分布。

二、草原有害生物危害与防治情况

乌兰察布市草原类型复杂，气候干旱，草原有害生物危害严重。据统计，2018—2024年，乌兰察布市年均草原鼠虫害危害面积高达784.18万亩，其中严重危害面积达284.66万亩，草原鼠虫害危害面积总体呈现先上升后下降趋势。鼠虫害主要分布于四子王旗、察哈尔右翼中旗（简称察右中旗）、察哈尔右翼后旗（简称察右后旗）、商都县、化德县等阴山山脉以北的旗（县），阴山山脉以南的察哈尔右翼前旗（简称察右前旗）、卓资县、凉城县、丰镇市、兴和县、集宁区等地亦有不同程度的危害。近年来，全市大力开展草原鼠害防控工作，在药物防控的基础上，推广竖立鹰架、培育天敌灭鼠等生物防控技术，统一协调调用拖拉机、毒饵喷撒机、大型喷雾器、无人机等防控器械，以提高防控方式的多样性和持久性，有效控制害鼠数量。草原虫害的防治方式主要为喷洒生物药剂，绿色防治比例达到100%。由于近几年干旱少雨，草原蝗虫危害严重，推广使用牧鸡治蝗防控技术。全市致力于提升生物防治能力，确保草原鼠虫害生物防治比例超过90%，实现生态效益、经济效益、社会效益的多赢。

---

* 亩为非法定计量单位，1亩≈667米²。——编者注

草原上毒害草与病害常见，但在多数旗（县、市、区）内尚未构成实质性侵害。直至2023年，集宁区武贵自然村首次发现外来入侵物种黄花刺茄，随即将其列为全市草原毒害草监测与防治工作的重点，实施严密监测与防控。随着防治工作深入推进，各项相关内容进一步完善，形成了更全面、系统的治理体系，标志着草原有害生物防治升级，治理范围不断拓宽，防治措施逐渐科学、精准，能够更有针对性地应对各类问题。这些积极变化为草原生态系统的可持续发展筑牢了坚实基础，有力保障了草原生态的健康与稳定。

三、生境照片

（一）温性草甸草原类

卓资县巴音锡勒镇温性草甸草原

察右中旗科布尔镇温性草甸草原

（二）温性典型草原类

察右前旗三岔口乡温性典型草原

丰镇市三义泉镇温性典型草原

四子王旗白音朝克图镇温性典型草原

察右后旗白音察干镇火山温性典型草原

化德县长顺镇温性典型草原

（三）温性荒漠草原类

四子王旗江岸苏木温性荒漠草原

（四）温性草原化荒漠类

四子王旗江岸苏木温性草原化荒漠

（五）温性山地草甸类

凉城县蛮汉镇温性山地草甸

凉城县鸿茅镇温性山地草甸

丰镇市浑源窑乡温性山地草甸

兴和县城关镇温性山地草甸

（六）低地草甸类

兴和县察尔湖流域低地草甸

商都县察汗淖尔流域低地草甸

察右前旗黄旗海流域低地草甸

凉城县岱海流域低地草甸

（七）温性荒漠类

四子王旗脑木更苏木温性荒漠

第二章　普查范围与内容

一、普查范围及对象

乌兰察布市草原有害生物普查的区域范围为根据《中华人民共和国草原法》所界定的乌兰察布市范围内的草原，即天然草原（包括草地、草山和草坡）和人工草地（包括改良草地和退耕还草地，不包括农业用地和城镇草地）。普查覆盖面积48 099hm²。

普查对象为乌兰察布市范围内危害草原植被及其产品，并造成经济或生态损失的主要有害生物（含入侵物种），包括啮齿类动物、昆虫、植物病原微生物、毒害草等。分类鉴定到种，标明中文名称和拉丁学名。

二、普查内容

普查内容包括有害生物种类、寄主植物、危害部位或危害方式、种群密度、发生和分布范围、发生面积、草地类等信息。

（一）草原有害生物种类

草原有害生物种类的中文名称和拉丁学名以《中国动物志》《中国植物志》《中国真菌志》等为准。

（二）寄主植物

寄主植物指有害生物危害的植物种类（含转主寄主）。这些植物规范的中文名称和拉丁学名均参照《中国植物分类与代码》（GB/T 14467—1993）[*]。寄主植物种类多于5种的，按照不同科、属，至少列出5种主要优势种。

（三）危害部位或危害方式

危害部位指寄主植物的叶部、茎部、根部、果实、种子、地上部和全株等。危害方式包括取食、有毒、侵占、攀缘、寄生、其他等。

---

[*]　普查开始时间为2021年，新国家标准（GB/T 14467—2021）实施时间为2022年，因此本书植物拉丁学名参考的国家标准为《中国植物分类与代码》（GB/T 14467—1993）。

（四）种群密度

种群密度以"种"为分类单位，指调查标准地单位面积内同一物种的数量。各类有害生物种群密度统计单位参照《常见草原有害生物种群密度统计单位》。

（五）发生范围

发生范围指草原有害生物发生的区域。发生范围以乡（镇）行政区为单位进行统计。

（六）分布范围

分布范围指有文献记载、相关历史资料记录或在普查过程中新发现的某种有害生物的分布区域。分布范围以乡（镇）行政区为单位进行统计。

（七）发生面积

发生面积指某种有害生物发生时，所统计的乡（镇）行政区范围内被危害寄主植物面积。

（八）入侵物种

对于从国（境）外传入的入侵物种或从省级行政区外传入的草原有害生物，调查其传入地、寄主植物、危害部位、分布范围、发现时间、传入途径、发生面积，以及对当地经济、生态、社会的影响等，具体参照《662种外来入侵物种跨行业部门影响归类》《入侵物种调查汇总表》。

（九）天敌资源

对天敌资源的调查包括草原有害生物主要天敌的种类、分布及控制区域。

（十）草地类

在行政区划范围内，以《2010年内蒙古草原资源调查结果》为基础，对草地类进行调查。

第三章　普查技术方案执行情况

乌兰察布市草原有害生物普查以全国第三次草地资源清查数据及各地草原有害生物历史数据为本底，基于草原有害生物普查信息管理系统及其App，以人工地面调查为主要方式，搭配监测无人机遥感技术，全面、系统获取草原有害生物的分布数据、标本、样品及相关资料。

通过线路踏查，调查草原有害生物发生及总体分布状况；通过标准地调查，进一步确定草原有害生物的种类、寄主植物、危害部位、种群密度及发生面积等。

一、踏查情况

乌兰察布全市踏查任务点共210个，已超额完成。共派遣38名技术人员于2022年3—4月制定普查计划和方案，先后批审了踏查路线56条，并于2022年4月中旬及时启动踏查。2022年春、夏、秋3季和2023年春、夏、秋3季，共完成踏查打卡633次，占任务量的301.42%，其中，害虫打卡329次，害鼠打卡205次，毒害草打卡60次，病害打卡39次。覆盖面积48 099hm^2，占全市草地面积的1.41%，共记录害鼠10种、害虫31种、毒害草41种、病害58种。

其中四子王旗共设置19条踏查路线，覆盖23 158hm^2，分别占总完成任务量的33.93%和48.15%。

察右前旗和察右中旗分别设有5条踏查线路，覆盖面积分别为2 282hm^{2}和3 391hm^2，占比分别为4.74%和7.05%。

商都县、察右后旗、卓资县、兴和县和凉城县分别设有4条踏查线路，覆盖面积分别为4 633hm^2、3 543hm^2、3 163hm^2、1 789hm^{2}和1 705hm^2，占比分别为9.63%、7.37%、6.58%、3.72%和3.54%。

化德县和丰镇市分别设有3条踏查线路，覆盖面积分别为2 801hm^{2}和1 344hm^2，占比分别为5.82%和2.79%。

集宁区仅设1条踏查线路，覆盖面积290hm^2，占比为0.60%。

（一）鼠害踏查情况

鼠害踏查以旗（县、市、区）为单位，根据当地草原资源分布状况、草地类、地形地貌等规划了17条踏查线路，共设置205条踏查点数据。技术人员充分考虑到不同生境和地形，积极咨询农牧民，科学开展调查。踏查时间为2022—

2023年每年4—10月。踏查覆盖面积为14 245hm²。

（二）虫害踏查情况

虫害踏查以旗（县、市、区）为单位，根据当地草原资源分布状况、草地类、地形地貌等规划了21条踏查线路，共设置329条踏查点数据。重点考虑受人为干扰严重、草地退化严重、生态环境不良或历史上草原有害生物频发的草地。由于害虫出土时间不一，为了避免遗漏物种，选在2022—2023年每年5月初、7月初、9月中旬分别开展3次大规模全市虫害踏查。踏查覆盖面积为24 468hm²。

（三）毒害草踏查情况

毒害草踏查以旗（县、市、区）为单位，根据当地草原资源分布状况、草地类、地形地貌等规划了13条踏查线路，共设置60条踏查点数据。踏查时间为2022—2023年每年5—7月。踏查覆盖面积为6 529hm²。

（四）病害踏查情况

病害踏查以旗（县、市、区）为单位，根据当地草原资源分布状况、草地类、地形地貌等规划了10条踏查线路，共设置39条踏查点数据。踏查时间为2022—2023年每年6—10月。踏查覆盖面积为3 829hm²。

二、标准地调查情况

根据前期踏查情况，按照有害生物实际发生情况和方案要求，技术人员不断筹划标准地建设工作，严格按照方案要求，合理、科学建设标准地，全市任务量388个，共建设标准地615个，完成任务量的158.51%，建设面积3 845.76hm²，调查物种数据3 116条，调查种类140种，并及时对数据进行认真仔细审核，使3 007条数据全部实现数准图清。

其中四子王旗共设置409个标准地，占总完成任务量的66.50%，共覆盖2 836.02hm²，占建设面积的73.74%。

覆盖面积大于100hm²的有察右后旗、察右中旗、察右前旗和化德县，覆盖面积分别为287.00hm²、164.00hm²、144.78hm²和116.24hm²，占比分别为7.46%、4.26%、3.76%和3.02%。

覆盖面积在50～100hm²的有凉城县、商都县和卓资县，覆盖面积分别为70.25hm²、69.50hm²和57.22hm²，占比分别为1.83%、1.81%和1.49%。

覆盖面积小于50hm²的有集宁区、兴和县和丰镇市，覆盖面积分别为40.00hm²、36.25hm²和24.50hm²，占比分别为1.04%、0.94%和0.64%。

（一）鼠害标准地

全市共建设鼠害标准地127个，调查面积982.45hm²。调查方法为夹捕法和土丘法。

（二）虫害标准地

全市共建设虫害标准地389个，调查面积2 423.06hm²。调查方法均为样方法。

（三）毒害草标准地

全市共建设毒害草标准地63个，调查面积293.5hm²。调查方法为样方法和样线法。

（四）病害标准地

全市共建设病害标准地36个，调查面积146.75hm²。调查方法为样方法和样线法。

三、内业整理

在草原有害生物普查工作中，为确保影像资料与实物标本制作的标准化，乌兰察布市林业和草原局特聘专家、学者，并多次举办普查培训活动。通过理论与实践相结合的教学模式，显著提升了各旗（县、市、区）技术人员制作标本的专业技能。在普查进程中，技术人员在各旗（县、市、区）进行实地调查时，对发现的草原有害生物均按照既定标本制作规范进行样本和影像资料的采集，详细记载了采集数据，并将样本带回实验室进行科学鉴定。最终制成140种标本，其中害鼠标本10种、害虫标本31种、毒害草标本41种、病害标本58种，初步构建了乌兰察布市草原有害生物标本库及电子标本库。

第四章 普查结果

一、害鼠普查结果

普查共发现害鼠10种。

发现的害鼠种类有：达乌尔黄鼠、子午沙鼠、长爪沙鼠、三趾跳鼠、五趾跳鼠、黑线仓鼠、大沙鼠、北方田鼠、中华鼢鼠、小毛足鼠。

其中，达乌尔黄鼠数量最多，分布最广。达乌尔黄鼠占本次普查中害鼠总数的73%。

二、害虫普查结果

普查共发现害虫31种。

发现的害虫种类有：阿拉善懒螽、暗褐蝈螽、白边痂蝗、笨蝗、草地螟、大胫刺蝗、短星翅蝗、中华稻蝗、亚洲小车蝗、黄胫小车蝗、大垫尖翅蝗、鼓翅皱膝蝗、红翅皱膝蝗、白纹雏蝗、华北雏蝗、黑翅雏蝗、宽翅曲背蝗、轮纹异痂蝗、毛足棒角蝗、李氏大足蝗、突鼻蝗、中华剑角蝗、蒙古束颈蝗、沙葱萤叶甲、绿芫菁、蒙古斑芫菁、苹斑芫菁、中华豆芫菁、黑翅痂蝗、邱氏异爪蝗、红腹牧草蝗。

其中，亚洲小车蝗、白边痂蝗、毛足棒角蝗的数量最多，分布最广。其寄主植物以针茅、羊草、小叶锦鸡儿为主。危害部位为植物全株，以叶部为主。

三、毒害草普查结果

普查共发现毒害草41种。

发现的毒害草种类有：毛茛、翠雀、北乌头、西伯利亚乌头、瓣蕊唐松草、亚欧唐松草、腺毛唐松草、苍耳、飞廉、蓝刺头、砂蓝刺头、刺儿菜、猬菊、火媒草、小蓬草、假鹤虱齿缘草、鹤虱、毒芹、中国马先蒿、红纹马先蒿、猫头刺、砂珍棘豆、小花棘豆、披针叶野决明、苦豆子、苦马豆、骆驼蓬、蒺藜、麻叶荨麻、曼陀罗、天仙子、黄花刺茄、毛打碗花、乳浆大戟、狼毒、野西瓜苗、野罂粟、野燕麦、地梢瓜、草麻黄、反枝苋。

其中，狼毒、披针叶野决明、反枝苋、蓝刺头、飞廉、苍耳、天仙子、翠雀、鹤虱数量较多，分布最广。

四、病害普查结果

普查共发现病害58种。

发现的病害种类有：白刺叶斑病、瓣蕊唐松草白粉病、苍耳叶斑病、草木樨白粉病、草木樨状黄芪白粉病、车前白粉病、车前叶斑病、兴安胡枝子白粉病、地榆叶斑病、委陵菜锈病、委陵菜叶斑病、星毛委陵菜锈病、多裂委陵菜锈病、二裂委陵菜叶斑病、白萼委陵菜褐斑病、二色补血草真菌病害、狗尾草叶斑病、胡枝子锈病、胡枝子叶斑病、金露梅真菌病害、菊白粉病、窄叶蓝盆花真菌病害、藜真菌病害、麻花头锈病、披针叶野决明白粉病、蒲公英锈病、狼毒真菌病害、山野豌豆叶斑病、山野豌豆白粉病、山野豌豆锈病、叉分蓼褐斑病、西伯利亚蓼叶斑病、西伯利亚蓼褐斑病、垂果南芥白粉病、花苜蓿白粉病、萹蓄白粉病、萹蓄锈病、蓝刺头锈病、蓝刺头白粉病、乳白香青褐斑病、旋覆花叶斑病、角蒿白粉病、野艾蒿褐斑病、野艾蒿锈斑病、蒙古蒿白粉病、大籽蒿叶斑病、大籽蒿白粉病、驼绒藜病毒病、斜茎黄芪白粉病、羊草锈病、羊草褐斑病、羊草白粉病、一叶荻真菌病害、鸢尾叶斑病、柠条锦鸡儿锈病、紫苜蓿锈病、紫苜蓿根腐病、紫苜蓿白粉病。

病害以各类植物上出现的锈病、叶斑病、白粉病、真菌病害以及根腐病为主。其中，以羊草锈病、藜真菌病害、羊草褐斑病最为常见。羊草锈病的平均发病率达22.4%，危害部位为全株，以叶部为主。藜真菌病害的平均发病率达21.7%，危害部位为植物的叶部。

五、有害生物名录

根据普查结果，制定了乌兰察布市有害生物名录（见第五章）。

第五章 有害生物名录

第一节 动物界 Animalia

一、脊索动物门 Chordata

啮齿目 Rodentia

1. 松鼠科 Sciuridae

黄鼠属 *Spermophilus*

达乌尔黄鼠 *Spermophilus dauricus* Brandt
别名：黄鼠、蒙古黄鼠、草原黄鼠。
形态特征：体长163.0～230.0mm；尾长40.0～75.0mm；后足长30.0～39.0mm；耳长5.0～10.0mm；体重154～264g；颅长41.6～50.5mm。体背面沙土黄色杂有黑褐色；体侧面、体腹面及前肢外侧面均为沙黄色；尾上面中央黑色，边缘黄色；眶周具白圈；耳壳黄色。颅骨不如长尾黄鼠的宽，颧弧不甚扩展，颅宽仅为颅长的58.9%。颅顶明显呈拱形，以额骨后部为最高。眼眶大而长。左、右上颊齿列均明显呈弧形。
生物学特性：通常喜栖居于靠山的缓坡地带的草原及其毗连的滩地上，白昼活动。一般从4月上旬开始交配，个别的在3月底即开始交配，孕期约1个月，通常每年繁殖1次，偶尔有2次的。每胎1～9仔，以3仔、4仔居多。幼仔产后10d即能出洞活动，1个多月即能独立生活，分居独栖。
草地类：温性荒漠草原、温性山地草甸、温性草原化荒漠、温性典型草原、温性草甸草原。
发生地点：全市范围内有不同程度发生。
调查方法：夹捕法。
夹捕率：3.045%。

达乌尔黄鼠照片

2. 仓鼠科 Cricetidae

（1）仓鼠属 *Cricetulus*

黑线仓鼠 *Cricetulus barabensis* (Pallas)
别名：背纹仓鼠、花背仓鼠、腮鼠、中华仓鼠。
形态特征：小型鼠类。体背面黄褐色或灰褐色，年龄越大，黄褐色越明显。身体较粗壮，吻较短钝，耳圆。两颊膨大，具颊囊。头骨背缘弧度较小，脑颅近圆形。颧弓不甚外凸，从前至后稍向外斜出，近与头骨平行；颧弓细弱，尤其是颧骨部分更明显。鼻骨较窄，前端宽而向后渐窄。尾短小，后足亦短小，一般小于20mm。
生物学特性：栖息地十分广

黑线仓鼠标本照片

19

泛，适应能力很强。洞穴结构复杂，除自己构筑洞穴外，也常利用其他鼠的废弃洞穴。构筑时间不同、目的不同的洞穴结构不一。夜间活动，白天隐于洞内。繁殖能力强，种群数量的季节变化幅度很大，冬季最少，春季上升渐多。

草地类：温性荒漠草原、温性典型草原。

发生地点：内蒙古自治区乌兰察布市察右后旗、内蒙古自治区乌兰察布市化德县、内蒙古自治区乌兰察布市四子王旗、内蒙古自治区乌兰察布市商都县。

调查方法：夹捕法。

夹捕率：1.44%。

（2）大沙鼠属 *Rhombomys*

大沙鼠 *Rhombomys opimus* (Lichtenstein)

别名：黄老鼠、大沙土鼠。

形态特征：体长一般在150mm以上，耳较小，耳长不及后足长的一半，为13～15mm。尾粗大，尾长接近体长。头、背沙黄色，尾稍灰，具光泽。体侧、颊、眼下、眼后和耳后毛色较背部浅，呈浅淡的沙黄色，毛基灰色，毛尖黑色，中段沙黄色，黑色毛尖很短。体腹面和四肢内侧毛均为污白色，毛基浅灰色。颏、喉、胸几乎全白色，缺少灰色毛基，有些与腹部同色。头骨粗壮而宽大，鼻骨较长，额骨长而宽，前部中央向下凹，老龄个体尤为明显。眶上嵴发达，顶骨短，两前外侧角不明显前突，顶嵴发达。顶间骨略呈椭圆形，前端突入两顶骨间呈弧形，中央具尖突，后端弧度较小，近平直。

大沙鼠照片

生物学特性：主要栖息于各种荒漠生境中。挖掘地下洞穴，洞口多，穴道复杂，常形成洞群分布。食物种类丰富，以植食性为主，包括各种荒漠植物和小型动物以及农作物、水果等。繁殖能力强。昼行、夜行或于黄昏和拂晓活动。

草地类：温性草原化荒漠、温性荒漠草原。

发生地点：内蒙古自治区乌兰察布市四子王旗。

调查方法：夹捕法。

夹捕率：3.635%。

（3）田鼠属 *Microtus*

棕色田鼠 *Lasiopodomys mandarinus* (Milne-Edwards)

别名：北方田鼠、龙老鼠。

形态特征：体形小，尾短，背毛巧克力褐色或黑褐色，腹毛烟灰色，后足面黑

褐色，混杂有大量银白色毛；前足
腕及前足面银白色。头骨比较单薄，
棱角不明显。眶间宽较大，眶间嵴
不明显，头颅圆突。

生物学特性：栖息在林间草
地低湿处。嗜食绿色食物。主要在
清晨及黄昏活动，动作迅速。每
年5—10月繁殖，每年可产仔5次
左右，每胎4～5仔，最多可达10
仔。妊娠期约3周。

北方田鼠照片

草地类：温性草甸草原。

发生地点：内蒙古自治区乌兰
察布市察右中旗、内蒙古自治区乌兰察布市卓资县。

调查方法：夹捕法。

夹捕率：2.86％。

（4）沙鼠属 *Meriones*

长爪沙鼠 *Meriones unguiculatus* (Milne-Edwards)

别名：长爪沙土鼠、蒙古沙鼠。

形态特征：体形中等大小，体长不超过150mm，尾长略短于体长。腹毛污白
色，具灰色毛基。尾毛束明显，黑色。跗跖较长，约为耳长之半。爪黑褐色。头
骨前狭后宽，额骨、顶骨较宽阔。

生物学特性：是荒漠草原的代表动物，尤其喜欢栖息于沙质土壤地带。以
家族为单位，群栖，雌雄同洞。繁殖能力极强，雌鼠全年均可繁殖。主要以羊

头部　　后足＋生殖器

前足　　尾部

长爪沙鼠照片

草（*Leymus chinensis*）、猪毛菜（*Salsola collina*）、绵刺（*Potaninia mongolica*）、蒿属植物（*Artemisea* spp.）、小果白刺（*Nitraria sibirica*）、苍耳（*Xanthium sibiricum*）、野亚麻（*Linum stelleroides*）等植物及其种子为食。

草地类：温性荒漠草原、温性典型草原。

发生地点：内蒙古自治区乌兰察布市商都县、内蒙古自治区乌兰察布市四子王旗、内蒙古自治区乌兰察布市化德县、内蒙古自治区乌兰察布市察右后旗、内蒙古自治区乌兰察布市察右中旗。

调查方法：夹捕法。

夹捕率：8.45%。

子午沙鼠 *Meriones meridianus* (Pallas)

别名：黄耗子、黄尾巴老鼠。

形态特征：体长不超过150mm。耳长约为后足长之半。头骨较宽，颅宽大于颅长的1/2。头和体背毛色相同，为有光泽的沙黄色。眼周与耳后毛色较淡，略呈灰白色。体侧毛色较体背浅，腹毛由毛基到毛端均为白色。后足掌除足跟部分一小块外，皆被白色或微带沙黄色的密毛。尾长略短或等于体长，尾上被密毛，尾端毛较长，形成毛笔状的小毛束。尾上面为黄锈色，下面稍淡，尾端部分上面杂有黑毛。

前足　生殖器　后足　尾部

子午沙鼠照片

生物学特性：洞的构造比较简单，洞中储有粮食。食物为植物的种子和绿色部分。不冬眠。每年繁殖1次，每胎6 ~ 7仔。

草地类：温性典型草原、温性荒漠草原、温性草原化荒漠。

发生地点：内蒙古自治区乌兰察布市四子王旗。

调查方法：夹捕法。

夹捕率：2.767%。

（5）鼢鼠属 *Myospalax*

中华鼢鼠 *Myospalax fontanieri* (Milne-Edwards)

别名：地老鼠、瞎老鼠。

形态特征：体长193～250mm。爪较短，第2趾与第3趾的爪几近相等。耳小，隐于毛下，尾较长，有较多的毛，但仍可看到皮肤。背部毛色比较鲜亮，带有锈红色。唇周围的白色区不明显。吻上方与两眼之间有1个较小的淡色区。一般额部中央有1个小白斑点。腹面毛灰黑色，毛尖带锈红色。足背面毛稀，白色。第1上白齿内侧有两个凹陷。第3上白齿后方有1个延伸的小突起。

中华鼢鼠照片

生物学特性：营地下生活，栖息于农田、草原、山坡与河谷中，亦可生活在海拔3 800～3 900m的高山草甸中。在农业区、耕地内的数量很多。洞道相当复杂，挖出的土在地面上形成许多小土丘，其直径为30～50mm，觅食的洞道很长，弯曲多支，距地面约10cm。窝在地下50～180cm处，有巢室、仓库、便所等。昼夜都活动，但白昼不到洞外。有时咬断植物之根部，将植物拖入洞中。时常因吃植物的根而引起植株死亡。吃苜蓿、小麦、马铃薯、豆类、甘薯、花生、胡萝卜以及作物的幼苗等。3月即开始繁殖，9月仍未结束，每胎3～7仔。

草地类：温性典型草原、温性草甸草原。

发生地点：内蒙古自治区乌兰察布市凉城县、内蒙古自治区乌兰察布市察右中旗。

调查方法：夹捕法。

夹捕率：2.56%。

（6）毛足鼠属 *Phodopus*

小毛足鼠 *Phodopus roborovskii* (Satunin)

别名：荒漠毛足鼠、豆鼠。

形态特征：体长 65 ～ 100mm，通常不超 90mm。眼较大；耳大而长圆，耳长与后足长近相等。四肢短小，一般仅微长于被毛。体背淡灰驼色或灰驼色。眼后上方与耳之间具 1 个明显的白色毛斑。腹面纯白色，体侧的大部亦为白色。白色腹毛与灰驼色背毛的分界明显。四肢纯白色，前足、后足的背面均被白毛。跗部具白色、短的密毛。前足拇指处裸露，掌垫大而明显。头骨较窄而长，背面稍隆起，最高处在顶骨前部，与黑线毛足鼠最高处在额骨部位不同，因而头骨上缘显低平。吻部尖，较黑线毛足鼠短。鼻骨前端略向上平伸。鼻骨近长方形，后端略窄。额骨平宽，额骨前部的眶上嵴较明显。顶骨稍隆起。顶间骨发达，呈三角形。枕骨向后突出。颧弓不特别外张，略宽于脑颅，平行向下后方延伸。门齿孔较小。牙齿

小毛足鼠照片

大而略呈长方形，上颌门齿较细小，2 个门齿基部靠近呈 1 条直缝。

生物学特性：主要栖息于荒漠、半荒漠及干草原的植被稀疏的沙丘地带，或沙丘间的灌丛。荒草地和农田中亦有发现。多在夜间活动，但傍晚和黎明时活动最为频繁。食性复杂，以植物性食物为主，也吃昆虫，特别是甲虫。不冬眠，冬季活动也较频繁。3 月开始繁殖，妊振期约 3 周，每胎 4 ～ 8 仔，5 月、6 月为繁殖高峰期。

草地类：温性荒漠草原、温性典型草原。

发生地点：内蒙古自治区乌兰察布市化德县。

调查方法：夹捕法。

夹捕率：0.77%。

3. 跳鼠科 Dipodidae

（1）三趾跳鼠属 *Dipus*

三趾跳鼠 *Dipus sagitta* (Pallas)

别名：毛脚跳鼠、三趾跳兔、沙跳儿。

形态特征：体长约 130mm。尾长约为体长的 4/3。后肢长约为前肢长的 3 倍，

具3趾，各趾下面被梳状硬毛。耳长约为后足长的1/3。体背深沙黄色而微带黑色。头部颜色与体背相同，但黑色很少。两颊、眼四周及体侧色均浅而发白。腹面及四肢内侧纯白色。尾基部二色，上面沙黄色，下面白色，尾穗发达，上段长毛呈1个黑棕色环，而此环在腹面被白色毛隔断，末段的长毛白色。听泡大，其前端彼此接触，乳突部不膨大。上门齿前面黄色，各有1条纵沟。上前白齿短小。

三趾跳鼠标本照片

生物学特性： 栖居于沙质荒漠，粗糙的砾石荒漠上也可见。掘洞于沙丘上，洞长达5m，甚至可达10m，深约1m，洞口常以沙堵塞。冬眠。4—8月繁殖，每胎2～5仔。食植物的枝叶、果实和根部，也食种子和昆虫。

草地类： 温性荒漠草原。

发生地点： 内蒙古自治区乌兰察布市四子王旗。

调查方法： 夹捕法。

夹捕率： 1.99%。

（2）东方五趾跳鼠属 *Orientallactaga*

五趾跳鼠 *Orientallactaga sibirica* (Forster)

别名： 五趾跳兔、跳鼠。

形态特征： 体重95.0～140.0g；体长120.0～170.0mm；尾长172.0～226.0mm；后足长60.0～81.0mm；耳长38.0～44.5mm。体毛色因地区不同而有变异，赤褐色与黑色混杂至沙黄色，杂有稀疏黑毛；体侧毛色较淡；耳基部外侧有1个白斑；体腹面、上唇、下唇、四肢内侧、足背面和前臂均为纯白色；臀部至后肢上部有1个白纹；尾上下二色，上面毛色似体背面，下面淡白色，尾远端先有1段为白色，然后是1个黑色长毛环，最后是1簇白色长毛，白色长毛和黑色长毛交替分布形成"旗"，具有发出信号的作用。

五趾跳鼠照片

生物学特性： 主要栖居于半荒

漠草原和山坡草地上，尤喜居于干草原。洞穴较为简单，洞口1个，直径约6cm，洞口周围有小土堆。主要在夜间活动，以种子、昆虫和植物绿色部分为食。每年繁殖不少于2次，4—7月产仔，每胎2~9仔。

草地类：温性荒漠草原、温性典型草原。

发生地点：内蒙古自治区乌兰察布市察右后旗、内蒙古自治区乌兰察布市化德县、内蒙古自治区乌兰察布市商都县、内蒙古自治区乌兰察布市四子王旗。

调查方法：夹捕法。

夹捕率：0.99%。

二、节肢动物门 Arthropoda

（一）直翅目 Orthoptera

1. 螽斯科 Tettigoniidae

（1）蝈螽属 *Gampsocleis*

暗褐蝈螽 *Gampsocleis sedakovii obscura* (Walker)

别名：吱拉子、夏叫、夏蝈、叫油子。

形态特征：头顶与前胸等宽，复眼半椭圆状球形。前胸背板较长，背面平坦。翅长超过腹端，镜膜近方形。第10腹节背板背侧后缘突出明显，端部圆弧形，切口极小；雌性尾须锥状；雄性尾须稍细，圆柱形，靠近基部有1个宽三角形状突起，与尾须垂直；雌性下生殖板长大于宽，端部切口呈宽"V"字形。

暗褐蝈螽生态照片

26

寄主：百里香、花苜蓿、二裂委陵菜、披针叶野决明、糙隐子草、白莎蒿、碱韭、柠条锦鸡儿、小叶锦鸡儿、羊草、针茅、委陵菜、白莲蒿。

发生地点：内蒙古自治区乌兰察布市丰镇市、内蒙古自治区乌兰察布市凉城县、内蒙古自治区乌兰察布市四子王旗。

危害部位：全株。

（2）懒螽属 *Zichya*

阿拉善懒螽 *Zichya alashanica* Bey-Bienko

形态特征：雄性体长27.0～29.5mm，雌性38.0mm。雄性前胸背板长13.0～14.5mm，雌性15.5mm。雄性后足股节长16.5～18.5mm，雌性22.0mm。雄性复眼极突出，超过半球形。前胸背板前缘弧形，具1列锥形尖刺，前侧角具短锥形刺。前翅极小，为前胸背板所覆盖。前、中、后足股节下侧均具细刺。腹端部扩大，腹部末节背板宽片状。肛上板极小。尾须长而粗壮，长圆柱形，略内弯，其宽为中部宽的3倍以上，端部具2个排列相近的尖刺。下生殖板后缘呈宽而浅的弓形，两端各具长柱形的小端突。雌性尾针锥形，产卵器长31.5mm。

阿拉善懒螽生态照片

寄主：阿尔泰狗娃花、糙隐子草、寸草、大刺儿菜、芨芨草、碱韭、苜蓿、小叶锦鸡儿、羊草、针茅、大针茅、冷蒿、锦鸡儿、无芒隐子草。

发生地点：内蒙古自治区乌兰察布市四子王旗。

危害部位：全株。

2.剑角蝗科 Acrididae

剑角蝗属 *Acrida*

中华剑角蝗 *Acrida cinerea* (Thunberg)

别名：中华蚱蜢、东亚蚱蜢、扁担沟、大扁担。

形态特征：体形中等偏小。头稍短于前胸背板，头顶宽短，顶端较钝，头侧

窝明显，呈狭长的四方形。复眼较小，卵形。触角细长，顶端明显膨大。雄性前胸背板呈圆形隆起，雌性较平。后胸腹板侧叶的后端明显分开。前翅发达，雄性常到达或超过后足股节末端，雌性较短。前翅的前缘较弯曲，中脉域较宽，常缺中闰脉。后翅略短于前翅。雄性前足胫节明显膨大，呈梨形；中足胫

中华剑角蝗生态照片

节正常；后足股节匀称，内侧下隆线具发音齿，膝片顶端圆形。后足胫节顶端缺外端刺，外侧具刺10～14个，跗节爪间中垫较大，其顶端到达或超过爪的中部。腹部第1节具发达的鼓膜器，鼓膜孔略大。雄性下生殖板钝短锥形，顶端较钝。雌性产卵瓣粗短，上产卵瓣上外缘光滑无细齿，顶端较尖。

寄主：碱韭、百里香、寸草、披碱草、小叶锦鸡儿、羊草、针茅、艾、无芒隐子草、委陵菜。

发生地点：全市范围内有不同程度发生。

危害部位：全株。

3.槌角蝗科 Gomphoceridae

（1）棒角蝗属 *Dasyhipps*

毛足棒角蝗 *Dasyhipps barbipes* (Fischer-Waldheim)

形态特征：雄性体形细小，但匀称。头部较大而短，短于前胸背板。头顶短，顶端呈锐角形，眼间距宽为触角间颜面隆起宽的1.8～2.0倍，头侧窝明显，狭长四角形。复眼卵形。触角细长，顶端数节极膨大。前胸背板前缘较平直，后缘弧形；中胸腹板、后胸腹板侧叶均明显分开。前翅、后翅发达，接近或到达后足股节的末端，前翅翅顶狭圆。前足胫节较中足胫节稍膨大；下侧具较密的细长绒毛。后足股节外侧的上膝侧片顶端圆形。后足胫节基部淡色，无黑色环。肛上板三角形，具中纵沟，尾须柱状，端部扁，顶圆。下生殖板短锥形，顶钝。雌性体大于雄性。头顶短，顶端近于直角形。触角较短，接近前胸背板后缘，端部略膨大。前胸背板后横沟位于中部略偏后。前翅较短。体黄褐色。触角顶端膨大部分暗褐色。复眼前方

毛足棒角蝗生态照片

向下至上唇基具白色条纹，复眼后方向沿前胸背板侧隆线下缘具宽的黑色带纹。前胸背板侧片后下角处具1个黄白色斑。前翅前缘脉域基部具白色条纹。后足股节黄褐色，基部内侧具暗色斜纹。后足胫节黄褐色。雄性肛上板具黑色边缘。

寄主： 锦鸡儿、阿尔泰狗娃花、白草、艾、白莲蒿、百里香、花苜蓿、冰草、糙隐子草、大针茅、短花针茅、二裂委陵菜、碱韭、冷蒿、苜蓿、柠条锦鸡儿、披针叶野决明、柄状薹草、委陵菜、无芒隐子草、西北针茅、小叶锦鸡儿、羊草、蒲公英。

发生地点： 全市范围内有不同程度发生。

危害部位： 全株。

（2）大足蝗属 *Aeropus*

李氏大足蝗 *Aeropus licenti* Chang

形态特征： 雄性体长14.9 ～ 21.0mm，体形中等偏小。头较短于前胸背板，头顶短宽，顶端锐角形，头侧窝明显，狭长方形。复眼卵形。触角细长，超过前胸背板后缘，顶端明显膨大。前胸背板中部侧观略呈弧形隆起，后横沟位于中部之后，沟前区长为沟后区长的1.35倍。前胸腹板略隆起。前翅发达，到达后足股节的末端。后翅略短于前翅。前足胫节膨大较小，不呈梨形。后足股节匀称，上侧中隆线光滑无齿，膝侧片顶端圆形。后足胫节缺外端刺，外缘具刺13 ～ 14个。跗节爪间中垫大，超过爪之中部。下生殖板短锥形，顶端钝圆。雌性体长20.4 ～ 25.0mm，体比雄性略大。触角较短，到达前

李氏大足蝗生态照片

胸背板的后缘，端部略膨大。前胸背板正常，不隆起。后横沟位于中部稍后，沟前区长为沟后区长的1.20倍。前翅较短，不到达后足股节的末端；中脉域较宽。前足胫节正常，不膨大。产卵瓣粗短，上产卵瓣之上外缘光滑，顶端略呈钩状。体黄褐色、褐色或暗褐色，尚有混杂绿色。触角黄褐色，端部暗褐色。前胸背板侧隆线黑褐色；侧片的下缘和后缘色较淡。前翅黄褐色或褐色。后足股节膝部黑色，股节上侧常有2个不明显的暗色横斑，内侧基部具1个黑色斜纹；雄性底侧常为橙黄色。后足胫节橙红色，基部黑色。

寄主： 大针茅、羊草、冷蒿。

发生地点： 内蒙古自治区乌兰察布市凉城县。

危害部位： 全株。

4.斑腿蝗科 Catantopidae

（1）星翅蝗属 *Calliptamus*

短星翅蝗 *Calliptamus abbreviatus* Ikonnikov

形态特征：雄性体形小至中等。头短于前胸背板的长度，头顶向前突出，低凹，两侧缘明显，头侧窝不明显。颜面侧观微后倾，颜面隆起宽平，缺纵沟。复眼长卵形。触角丝状，细长，超过前胸背板的后缘。前胸腹板突圆柱状，顶端钝圆。后足股节粗短，上侧中隆线具细齿。后足胫节缺外端刺，内缘具刺9个，外缘具刺8～9个。前翅较短，通常不到达后足股节的端部。尾须狭长，上、下两齿几乎等长，下齿顶端的下小齿较尖或略圆。下生殖板短锥形，顶端略尖。阳具复合体近似意大利蝗，但阳具瓣较短。雌性似雄性，体较大。触角接近或刚到达前胸背板的后缘。体褐色或黑褐色。前翅具有许多黑色小斑点，后翅本色（个别个体红色），后足股节内侧红色，具2个不完整的黑纹带，基部有不明显的黑斑点，后足胫节红色。

短星翅蝗生态照片

寄主：大针茅、松叶猪毛菜、西北针茅、小叶锦鸡儿、羊草、针茅、糙隐子草、冷蒿。

发生地点：内蒙古自治区乌兰察布市察右前旗、内蒙古自治区乌兰察布市化德县、内蒙古自治区乌兰察布市四子王旗、内蒙古自治区乌兰察布市察右后旗、内蒙古自治区乌兰察布市商都县、内蒙古自治区乌兰察布市丰镇市。

危害部位：全株。

（2）稻蝗属 *Oxya*

中华稻蝗 *Oxya chinensis* (Thunberg)

形态特征：雄性体形中等，体长15.1～33.1mm。体表具细小刻点。头顶宽短，顶端宽圆。复眼较大，为卵形。触角细长，到达或略超过前胸背板的后缘。前胸背板较宽平，两侧缘几乎平行。前胸腹板突锥形，顶端较尖。中胸腹板侧叶间之中隔较狭，中隔的长度明显大于其宽度。前翅较长，常到达或刚超过后足胫节的中部；后翅略短于前翅。后足胫节匀称。肛上板为较宽的三角形，表面平滑，两侧中部缺突起，基部表面缺侧沟。尾须为圆锥形，较直，端部为圆形或

中华稻蝗生态照片

略尖。阳具基背片桥部较狭，缺锚状突；阳具端瓣较细长，向上弯曲。雌性体形大于雄性，体长 19.6 ～ 40.5mm。头顶宽短。触角略短，常不到达前胸背板的后缘。前翅的前缘具不明显的刺。产卵瓣较细长，外缘具细齿，各齿近乎等长；下产卵瓣基部腹面的内缘各具 1 个刺。下生殖板表面略隆起，在近后缘之两侧缺或各具不明显的小齿；后缘较平，中央具 1 对小齿。体绿色或褐绿色，或背面黄褐色，侧面绿色，常有变异。头部在复眼之后、沿前胸背板侧片的上缘具明显的褐色纵条纹。前翅绿色，或前缘绿色、后部褐色；后翅本色。后足股节绿色，膝部之上膝侧片褐色或暗褐色。后足胫节绿色或青绿色，基部暗色。胫节刺的顶端为黑色。

寄主： 大针茅、西北针茅、小叶锦鸡儿、羊草、针茅、糙隐子草、冷蒿。

发生地点： 内蒙古自治区乌兰察布市卓资县。

危害部位： 全株。

5. 斑翅蝗科 Oedipodidae

（1）小车蝗属 *Oedaleus*

亚洲小车蝗 *Oedaleus decorus asiaticus* (Bey-Bienko)

形态特征： 雄性体小型。头较短于前胸背板，头顶狭。触角丝状，超过前胸背板后缘，中段一节长为宽的 2.0 ～ 2.5 倍。前胸背板低屋脊形，中部明显收缩变狭；中胸腹板侧叶间中隔较宽；后胸腹板侧叶明显分开。前翅发达，后翅略短于前翅。后足股节匀称；后足胫节上侧内缘、外缘各具刺 12 个，具内端、外端刺。肛上板三角形。尾须圆锥形，略超过肛上板顶端。阳具基背片长方形，桥狭，前突锐角形，后突角状。下生殖板短锥形，顶钝。雌性体较大于雄性。头顶背面中隆线在头顶较后处明显。触角刚到达或略超过前胸背板后缘，前胸背板后横沟

明显，"X"字形淡色纹明显。前
翅长为前胸背板长的4.5～5.1倍。
后足股节长为最宽处的4.1～5.0
倍。前翅基部之半黑褐色，具
3～4个淡色横斑，顶端之半透明，
具数个不规则的小斑。后翅基部淡
黄色，中部暗色横带纹在胫脉和
第2臀脉间出现较宽的断裂，横带
到达或几到达后缘；顶端具数块黑
斑。后足股节具2个较不明显的暗
色横斑，膝部暗褐色。后足胫节枯
草色，基部深褐色。

亚洲小车蝗生态照片

寄主：尖叶铁扫帚、星毛委陵
菜、阿尔泰狗娃花、黄芪、白莲蒿、委陵菜、无芒隐子草、西北针茅、小叶锦鸡
儿、羊草、车前、寸草、甘草、艾、蒿叶猪毛菜、芨芨草、碱韭、冷蒿、柠条锦
鸡儿、柄状薹草、沙生针茅、针茅、栉叶蒿、百里香、花苜蓿、糙隐子草、大针
茅、短花针茅、二裂委陵菜。

发生地点：全市范围内有不同程度发生。

危害部位：全株。

黄胫小车蝗 *Oedaleus infernalis* Saussure

形态特征：雄性体中型偏大。头大而短，较短于前胸背板。头顶宽短，略
倾斜，较低凹。触角丝状，超过前胸背板后缘。前胸背板略呈屋脊形，中部略缩
狭；前缘略呈圆弧形突出，后缘钝角形。中胸腹板侧叶间中隔较宽，宽大于长。

雄性

黄胫小车蝗生态照片

前翅发达，后翅略短于前翅，前翅、后翅的端部翅脉具小的发音齿。后足股节略粗壮，长为宽的3.8～4.2倍。后足胫节上侧内缘具刺12个，外缘具刺11～12个，缺外端刺。肛上板三角形，顶端钝圆。尾须圆柱状，明显超过肛上板顶端。下生殖板短锥形。阳具基背片桥平，前突、后突圆弧形。雌性体大而粗壮。头顶中隆线较明显。复眼卵圆形。触角接近或刚到达前胸背板后缘。前胸背板中部略收缩。前翅、后翅发达。产卵瓣粗壮，上外缘光滑，顶端略呈钩状，腹面观下产卵瓣外侧缘中部具明显钝角形凹陷，较粗短。体暗褐色或绿褐色，少数草绿色。前翅端部之半较透明，散布暗色斑纹，基部斑纹大而密。后翅基部淡黄色，中部暗色横带较狭，到达或接近后缘，顶端色暗，和中部暗色横带明显分开。后足股节膝部黑色，从上侧到内侧分布3个黑斑，雄性下侧内缘红色，雌性黄褐色；雄性后足胫节红色，雌性黄褐色或淡红黄色，基部黑色，近基部内侧、外侧及下侧具1个略明显的淡色斑纹，上侧常混杂红色，无明显分界。

　　寄主：白莲蒿、冰草、短芒大麦草、冷蒿、柠条锦鸡儿、披碱草、柄状薹草、西北针茅、羊草、针茅、萎蒿、艾、委陵菜。

　　发生地点：内蒙古自治区乌兰察布市商都县、内蒙古自治区乌兰察布市察右后旗。

　　危害部位：全株。

（2）痂蝗属 *Bryodema*

白边痂蝗 *Bryodema luctuosum* Stoll

形态特征：雄性体大型、匀称。头短小，头顶短宽，头侧窝略可见，呈不规则圆形。触角丝状，到达或略超出前胸背板的后缘。复眼卵形。前胸背板沟前区较狭，沟后区较宽平。前翅发达，中脉域的中闰脉上具发音齿；后翅略短于前翅，后翅纵脉下面均具发音齿。鼓膜器发达，鼓膜片较小。后足股节略粗壮。后足胫节基部膨大部分平滑，无细皱纹，内侧具刺9～11个，外侧具刺7～9个，缺外端刺。下生殖板短锥形，顶端较钝。体暗灰色、赭褐色、灰褐色或褐绿色，具细小的暗色斑点。前翅散布暗色小斑点，有时不明显。后翅基部暗色，沿外缘具较宽的淡色斑纹。后足股节上方常具3个暗色横斑，基部1个较小，常不明显，内侧及底侧暗黑色，端部具1个淡色环。后足胫节内侧和上侧暗蓝色或蓝紫色。跗节黄褐色。雌性体粗短，触角较短，复眼较小。前翅缩短，卵形，其上具发音齿。后翅短小，三角形，仅达前翅的中部。产卵瓣粗短，端部呈钩状，边缘光滑无齿。余与雄性相似。

寄主：白草、百里香、花苜蓿、冰草、糙隐子草、草木樨、大针茅、短花针茅、二裂委陵菜、甘草、戈壁针茅、艾、芨芨草、碱韭、锦鸡儿、冷蒿、柠条锦鸡儿、柄状薹草、沙生针茅、白莲蒿、委陵菜、无芒隐子草、西北针茅、小叶锦鸡儿、羊草、针茅、细叶韭、苜蓿、粗毛点地梅、星毛委陵菜、寸草、阿尔泰狗娃花。

雄性

雄性展翅

雌性

白边痂蝗生态照片

发生地点：全市范围内有不同程度发生。

危害部位：全株。

黑翅痂蝗 *Bryodema nigroptera* Zheng et Gow

形态特征：体中大型，两性异形。雄性体狭长，匀称。头短，侧面观与前胸背板平，不高于背板。头顶宽短，向前倾斜，顶端宽圆，侧缘隆线明显；头顶后半及后头具不明显的中隆线；头侧窝不明显，若略可见，则呈不规则的近圆形或多角形。颜面垂直，颜面隆起宽，纵沟明显，侧缘明显隆起，在中央单眼之下明显向内缩狭。触角丝状，细长，长度超过前胸背板后缘。复眼卵形。前胸背板上具有不太突出的颗粒或隆线；中隆线明显，较低，侧隆线在沟前区消失，在沟后区明显；后横沟从背板中前部穿过。中胸腹板侧叶间中隔较宽。前翅发达，超过后足胫节顶端甚远，中脉域具中闰脉。后翅甚宽大，略短于前翅。后足股节匀称；上侧的中隆线光滑无细齿；上膝、下膝侧片顶端圆形。后足胫节基部膨大部分光滑，无细隆线；胫节外侧具刺9～11个，内侧具刺10个，缺内端刺、外端刺。跗节爪间中垫不达爪之中部。鼓膜器孔卵圆形。肛上板三角形，顶端尖，中部具1条横沟。尾须细长柱状。下生殖板短锥形，顶端较钝。雌性体粗短，笨拙。头侧窝不明显。触角较短，可到达前胸背板后缘。前胸背板沟后区长度为沟前区长度的1.4～1.5倍。中胸腹板侧叶间中隔的宽为长的3.0～3.7倍。前翅短缩，到达腹部第5节或肛上板之基部，不达后足股节之顶端；中脉域具中闰脉。后翅较小，三角形，长度大于前翅的1/2。后足股节较粗短，长度为宽度的3.0～3.5倍。后足胫节外侧具刺9～11个，内侧具刺9～10个。肛上板三角形，中部具横沟。尾须短锥形。上产卵瓣之上外缘具不规则的钝齿。体暗褐色，具有细小的暗色斑点。头顶暗褐色；后头部具2条暗褐色纵纹，无暗蓝色。颜面灰褐色或近灰白色。触角褐色。复眼黄褐色。前胸背板暗褐色。前翅暗褐色，具不明显的暗色斑点。后翅全部暗黑色，基部略带蓝色；后翅具有较粗的黑色纵脉。雌性后翅

黑翅痂蝗生态照片

色较雄性淡，顶端色略淡，其余部分为黑色。前足、中足暗褐色或褐色。后足股节外侧暗褐色，暗色横斑不明显或无横斑，近端部有 1 个黄褐色环；内侧和下侧的内缘黑色，近端部有 1 个黄褐色膝前环；内膝、外膝侧片暗褐色。后足胫节内侧和上侧暗蓝紫色，外侧暗褐色。后足跗节黄褐色。腹部暗褐色。

寄主：白草、冰草、草木樨、大针茅、艾、冷蒿、白莲蒿、委陵菜、西北针茅。

发生地点：内蒙古自治区乌兰察布市察右后旗、内蒙古自治区乌兰察布市商都县。

危害部位：全株。

（3）束颈蝗属 *Sphingonotus*

蒙古束颈蝗 *Sphingonotus mongolicus* Saussure

形态特征：雄性体形中等。头短，侧面观略高于前胸背板。头顶宽，微低凹。复眼近卵形。触角丝状，超过前胸背板的后缘。前胸背板中隆线低、细，侧片的后下角渐尖或呈圆形。前翅狭长，到达后足胫节的端部，翅长约为翅宽的 6 倍。后足股节匀称。后足胫节略短于股节，外缘具刺 6 ~ 7 个，内缘具刺 10 个。下生殖板短锥状，顶端钝圆或略尖。雌性近似雄性，体形较大。产卵瓣短粗，顶端呈钩状，下产卵瓣基部的悬垫光滑。体通常黄褐色、灰褐色或暗褐色。前翅基部 1/3 和中部具明显的暗色横纹带。后翅基部淡蓝色，中部暗色横纹带宽，但不到达后翅的外缘和内缘。后足股节内侧蓝黑色，端部为淡色。后足胫节污黄白色，近基部具 1 个淡蓝色斑纹。后足跗节淡黄色。

寄主：艾、华北米蒿、冷蒿、羊草、针茅、百里香、小叶锦鸡儿。

发生地点：内蒙古自治区乌兰察布市凉城县、内蒙古自治区乌兰察布市商都县、内蒙古自治区乌兰察布市卓资县。

危害部位：全株。

蒙古束颈蝗生态照片

（4）异痂蝗属 *Bryodemella*

轮纹异痂蝗 *Bryodemella tuberculatum dilutum* Stoll

形态特征：雌性体较雄性略粗壮，但两性外形区别不大。雌性体长36～38mm，雄性25～30mm。体暗褐色。复眼略小。前胸背板沟后区长为沟前区长的1.8倍。前翅略短，到达后足胫节的1/3处。前翅散布暗色斑点。后翅基部玫瑰色，第1臀叶基半部烟色，后翅中部具烟色横纹，端部本色透明。后足股节上侧具3个黑色斑纹，基部1个较弱，后足股节内侧及底侧黑色，近端部处具黄色斑纹。后足胫节污黄色，顶端暗色。

寄主：针茅、胡枝子、白莲蒿、披针叶野决明、碱韭、白莎蒿、羊草、百里香、花苜蓿、二裂委陵菜、冷蒿、柠条锦鸡儿、披碱草、小叶锦鸡儿。

发生地点：内蒙古自治区乌兰察布市察右后旗、内蒙古自治区乌兰察布市察右前旗、内蒙古自治区乌兰察布市丰镇市、内蒙古自治区乌兰察布市凉城县、内蒙古自治区乌兰察布市商都县、内蒙古自治区乌兰察布市四子王旗、内蒙古自治区乌兰察布市兴和县。

危害部位：全株。

轮纹异痂蝗生态照片

（5）胫刺蝗属 *Compsorhipis*

大胫刺蝗 *Compsorhipis davidiana* Saussur

形态特征：雄性体中大型。体腹面及足具较密的细绒毛。头顶宽短，顶端圆形，前端无细隆线，顶端和颜面隆起相连接。触角丝状，其长超过前胸背板后缘。复眼大而突出，卵圆形。前胸背板较光滑，无明显的颗粒或隆线，仅具细刻点；前缘略向前突出，后缘呈钝圆或角状突出。前胸腹板在两前足基部之间呈钝圆形隆起。前翅、后翅均发达，其长到达后足胫节顶端，后翅宽大。后足股节匀

大胫刺蝗生态照片

称，后足胫节内侧具刺15～18个，外侧具刺12个，缺外端刺。腹部第1节背板、侧板短锥形，顶端较尖。阳具基背片桥状，冠突长形。雌性体略粗大于雄性，前翅长，超过后足胫节中部。产卵瓣粗短，上瓣之上缘无细齿。体暗褐色、褐色或灰褐色。前翅具3个黑色横斑。后翅大部为黑色轮纹，其宽度略大于前翅之宽，基部玫瑰色，较小，与黑色轮纹的内缘无明显的分界，横脉黑色，近翅端为淡色；后足股节外侧具2个不明显的黑色横斑，内侧黑色，端部黄色，后足胫节外侧黄色或淡橘红色。

寄主：小叶锦鸡儿、羊草。

发生地点：内蒙古自治区乌兰察布市四子王旗。

危害部位：全株。

（6）皱膝蝗属 *Angaracris*

鼓翅皱膝蝗 *Angaracris barabensis* Pallas

形态特征：雄性体中型。颜面垂直，头顶宽短。头侧窝三角形。触角丝状，超过前胸背板的后缘。复眼卵圆形。前胸背板中隆线明显，其后缘呈直角形。前翅、后翅发达，超过后足胫节中部；后翅前缘呈"S"字形弯曲。后足股节粗短，上侧中隆线平滑，膝侧片顶圆形。后足胫节基部膨大部分具细横皱纹，内侧具刺10～12个，外侧8～9个。下生殖板短锥形。雌性体较雄性粗壮。触角短于头、胸长度之和。前翅略超过后足胫节中部。其他特征与雄性相似。体呈灰绿色、棕绿色或灰棕色，具明显的黑斑。前胸背板下缘常呈白色或黄白色。后翅基部黄色或黄绿色，主要纵脉黄绿色或仅基部黄色而端部呈暗色；外缘部分透明，第1翅叶和第2翅叶端部1/3处不呈暗色或具暗斑；轭脉几乎全长暗色。后足股节基部内侧和下侧的基半部黑色，端半部的中间具黑带；端部近于膝部处的内侧和下侧黑色；外侧具不甚明显的横带。后足胫节黄色或稍呈红色，胫节刺端部黑色。

寄主：百里香、花苜蓿、大针茅、二裂委陵菜、芨芨草、赖草、冷蒿、柄状薹草、田旋花、驼绒藜、小叶锦鸡儿、星毛委陵菜、羊草、针茅、白草、委陵菜、糙隐子草、碱韭、锦鸡儿。

发生地点：全市范围内有不同程度发生。

危害部位：全株。

鼓翅皱膝蝗生态照片

红翅皱膝蝗 *Angaracris rhodopa* Fischer-Walheim

形态特征：雄性体中型。头侧窝明显，三角形。触角丝状，细长，伸达或超过前胸背板后缘。复眼卵圆形。前胸背板前端较狭，后部较宽；前缘较平，中部较宽，后缘直角形。中胸腹板侧叶间中隔较宽，其宽大于长度。后胸腹板侧叶较宽地分开。前翅较长，后翅略短于前翅。后足股节粗短，上侧中隆线平滑，膝侧片顶端圆形。后足胫节基部膨大部分背侧具平行细横隆线，胫节外侧具刺9个，内侧11～13个，无外端刺。鼓膜孔卵圆形，鼓膜片较小，狭长形。肛上板三角形，顶尖。尾须长柱状，超过肛上板顶端，顶圆。下生殖板后缘中央呈三角形突出。雌性体较雄性粗壮。触角较短于头、胸长度之和。前翅较短。产卵瓣

红翅皱膝蝗生态照片

长度适中，上产卵瓣之上外缘具不规则的钝齿。体浅绿色或黄褐色，上具细碎褐色斑点。绿色个体的头、胸及前翅均为绿色，腹部褐色。后足股节外侧黄绿色，具不太明显的3个暗色横斑，内侧橙红色，具黑色斑2个，近端部具1个黄色膝前环；外侧上膝侧片褐色，内侧黑色。后足胫节橙红色或黄色。前翅具密而细碎的褐色斑点。后翅基部玫瑰红色，透明；第2翅叶的第1纵脉粗、黑色，轭脉红色。

寄主： 花苜蓿、二裂委陵菜、芨芨草、碱韭、冷蒿、披碱草、委陵菜、西北针茅、小叶锦鸡儿、羊草、针茅、车前、寸草、短花针茅、白莲蒿、百里香、星毛委陵菜、艾、糙隐子草、兴安胡枝子、蒲公英、裂叶蒿。

发生地点： 全市范围内有不同程度发生。

危害部位： 全株。

（7）尖翅蝗属 *Epacromius*

大垫尖翅蝗 *Epacromius coerulipes* Ivanov

形态特征： 雄性体中小型，体长13.7～15.6mm，匀称。头较大，头顶较宽，略向前倾斜，中央低凹，侧缘隆线明显。头侧窝三角形。复眼较大，突出，卵圆形。触角丝状，超过前胸背板后缘。前胸背板低平，前缘较直，后缘钝角突出。前胸腹板略隆起。中胸腹板侧叶间中隔长略大于最狭处，后胸腹板侧叶全长彼此分开。前翅发达，到达后足胫节中部；后翅发达，略短于前翅。后足股节匀称，长约为宽的4倍。后足胫节缺外端刺，内缘具刺10～11个，外缘具刺9～10个。鼓膜孔近圆形，鼓膜较大。肛上板近宽菱形，侧缘中间向内具隆线，左右两条隆线不连接；顶端中央具较深的纵沟。尾须长圆筒形，超过肛上板的顶端。下生殖板短舌状。雌性体较大，体长20.0～24.7mm。头部侧观略倾斜。中胸腹板侧叶间中隔长、宽近相等。前翅发达。尾须较短，锥形，不到达肛上板的端部。产卵瓣粗短，上产卵瓣外缘光滑，端部呈沟状。体暗褐色、褐色、黄褐色或黄绿色。前胸背板背面中央常具红褐色或暗褐色纵纹，有的个体背面具不明显的"X"字形纹。前翅具大小不等的褐色、白色斑点。后翅本色透明。后足股节顶端黑褐色，上侧中隆线和内侧下隆线间具3个黑色横斑，中间的1个最大，基部1个最小。外侧下隆线上具4～5

大垫尖翅蝗生态照片

个小黑斑点。底侧玫瑰色。后足胫节淡黄色，基部、中部和端部各具1个黑褐色环纹。

寄主：白莲蒿、冰草、短芒大麦草、冷蒿、柠条锦鸡儿、披碱草、西北针茅、羊草、艾。

发生地点：内蒙古自治区乌兰察布市兴和县。

危害部位：全株。

6. 网翅蝗科 Arcypteridae

（1）雏蝗属 *Chorthippus*

白纹雏蝗 *Chorthippus albonemus* Cheng et Tu

形态特征：雄性体中小型。头大而短，较短于前胸背板。头顶锐角形。颜面稍倾斜。触角细长，超过前胸背板后缘。复眼卵形。前胸背板平坦，前缘平直，后缘钝角形；中胸腹板侧叶间中隔较宽。前翅发达，后翅与前翅等长。后足股节内侧下隆线具发音齿（122±8）个。鼓膜孔呈狭缝状，其最狭处为长度的1/9 ~ 2/11倍。尾须短锥形，基部较宽。下生殖板馒头形，顶钝圆。雌性体比雄性大而粗壮。复眼较小。前翅较短，不到达腹部末端。体深褐色或草绿色。前胸背板具明显的黄白色"X"字形纹，沿侧隆线具黑色纵带纹。前翅中脉域具1列大黑斑，雌性前缘脉域具白色纵纹。后足股节内侧基部具黑斜纹，上侧在

白纹雏蝗生态照片

中部、后部各具宽斜暗色纹，上隆线具6 ~ 8个黑点。后足胫节橙黄色或黄褐色。

寄主：艾、大针茅。

发生地点：内蒙古自治区乌兰察布市凉城县。

危害部位：全株。

华北雏蝗 *Chorthippus brunneus huabeiensis* (Xia et Jin)

形态特征：雄性体中小型。头顶前缘明显呈钝角形。头侧窝明显低凹，狭长四角形。触角丝状。前胸背板侧隆线在沟前区明显呈角形弯曲，后横沟位于背板中部之前，沟前区明显短于沟后区；前横沟、中横沟较不明显。中胸腹板侧叶间中隔几成方形。前翅狭长，超过后足股节顶端，后翅与前翅等长。后足股节内侧

下隆线具发音齿（133±13）个，发音齿列长4.5mm，发音齿为钝圆形。肛上板三角形，中央具纵沟，不到达端部。尾须长为基部宽的2.0倍。下生殖板端部钝圆。雌性头顶前缘为直角形。头侧窝较浅，长为宽的3.0倍。触角中段1节的长为宽的2.5倍。前翅缘前脉域长，到达前翅的2/3处。体褐色。前胸背板侧隆线处具黑色纵纹，前翅褐色，在翅顶1/3处具1个淡色纹。后翅透明，本色。后足股节内侧基部具黑色斜纹，膝部淡色，后足胫节黄褐色。雄性腹端有时橙黄色或橙红色。

寄主：白莲蒿、沙棘、委陵菜、羊草、针茅。
发生地点：内蒙古自治区乌兰察布市卓资县。
危害部位：全株。

华北雏蝗生态照片和标本照片

黑翅雏蝗 *Chorthippus aethalinus* Zubovsky

形态特征：体中型。雄性体长17～19mm，雌性22～26mm。头顶直角形或钝角形，顶端圆。头侧窝四角形。触角丝状，超过前胸背板后缘。复眼长卵形。

前胸背板前缘平直，后缘呈钝角形突出。雄性前翅宽长，超过后足股节顶端，翅顶圆形。雌性前翅较狭长，到达或超过后足股节顶端。后足股节内侧具发音齿（191±13）个，膝侧片顶圆形。后足胫节外侧具刺11～13个，内侧11～13个，内侧端部上距、下距几等长。鼓膜孔宽缝状。雄性肛上板三角形。尾须锥形，到达肛上板顶端，下生殖板短锥形，顶较尖。雌性肛上板呈三角形，中央具宽纵沟，尾须短锥

黑翅雏蝗生态照片

形，产卵瓣短，上产卵瓣之上外缘光滑，下生殖板后缘中央呈三角形突出。体暗褐色。前胸背板沿侧隆线具黑色宽纵带。前翅褐色，后翅黑色。后足股节外侧及上侧具2个暗黑色横斑，内侧基部具黑色斜纹，下侧橙黄色，膝部黑色。后足胫节橙黄色，基部黑褐色。

寄主：白莲蒿、羊草、针茅。

发生地点：内蒙古自治区乌兰察布市凉城县。

危害部位：全株。

（2）曲背蝗属 *Pararcyptera*

宽翅曲背蝗 *Pararcyptera microptera meridionalis* (Ikonnikov)

形态特征：雄性体长17mm，前翅长5mm，后足股节长11mm，体中等大。头顶的顶端锐角形，头侧窝狭长四角形。触角丝状，细长，向后到达后足股节的基部。复眼卵圆形。前胸背板前缘近平直，后缘圆形；中胸腹板侧叶间中隔长方形，其长为宽的1.5倍；后胸腹板侧叶分开。前翅、后翅均发达，略超过后足股节的顶端；前翅狭长，顶圆形。后足股节匀称，内侧下隆线具发音齿102个。肛上板宽三角形。尾须长锥形，顶尖，到达肛上板的顶端。阳具基背片内冠突长形，外冠突圆球形；色带瓣长而尖，阳茎端瓣顶端圆形。下生殖板短锥形。体黄褐色；眼后带宽，黑色。前翅前缘脉基部具淡色纵纹。后足股节内侧基部具黑色斜纹；膝部黑色。后足胫节黄褐色，基部暗色。雌性未知。

宽翅曲背蝗生态照片

寄主：二裂委陵菜、无芒隐子草、多裂委陵菜、披碱草、艾、白草、百里香、冰草、车前、甘草、芨芨草、冷蒿、苜蓿、蒲公英、委陵菜、小叶锦鸡儿、羊草、针茅、花苜蓿、白莲蒿、白莎蒿、寸草、黄芪、糙隐子草、碱韭、益母草。

发生地点：全市范围内有不同程度发生。

危害部位：全株。

（3）异爪蝗属 *Euchorthippus*

邱氏异爪蝗 *Euchorthippus cheui* (Hsia)

形态特征：雄性体中小型。头部短于前胸背板。头顶三角形；颜面极倾斜，颜面隆起纵沟浅，中眼以上略具稀疏刻点。触角细长，基部数节较扁，其余柱状。复眼卵形。前胸背板前缘较平直，后缘弧形；中胸腹板侧叶间中隔较宽；后胸腹板侧叶分开。前翅狭长，超过后足股节的顶端，翅顶尖圆形，各个脉域均不具闰脉；中脉域狭于前缘脉域及肘脉域。后翅与前翅等长。后足股节匀称，后足胫节外侧具刺，缺外端刺。爪间中垫大，几达爪之顶端。肛上板三角形，基部两侧具膨大的隆起，基半部中央具深纵沟，端半部略隆起，两侧较凹陷。下生殖板粗短锥状。阳具基背片冠突分前叶、后叶。体灰褐色、暗褐色。眼后带宽，黑褐色。前胸背板侧隆线淡褐色。前翅灰褐色、暗褐色或绿色。后足股节灰褐色或黄褐色，内侧基部具1条黑色斜纹。后足胫节黄褐色。雌性体大于雄性。触角较短。前翅缘前脉域及肘脉域具闰脉，中脉域略狭于前缘脉域及肘脉域。后足胫节外侧具刺。下生殖板狭长，后缘中央具三角形突出；上、下产卵瓣之外缘光滑无细齿，末端钩状。腹部末端具粗大刻点。体灰褐色，少数背部绿色。前翅缘前脉域直到中脉域黑褐色。前缘脉域具1条白色纵纹；绿色个体除缘前脉域及前缘脉域为黑褐色外，其余部分均为绿色，前缘脉域亦具1条白色纵纹。

寄主：羊草、针茅。

发生地点：内蒙古自治区乌兰察布市察右前旗、内蒙古自治区乌兰察布市凉城县。

危害部位：全株。

邱氏异爪蝗生态照片

（4）牧草蝗属 *Omocestus*

红腹牧草蝗 *Omocestus haemorrhoidalis* (Charpentier)

形态特征：雄性体小型。颜面倾斜，颜面隆起全长略凹陷。触角端部超过前胸背板的后缘。头侧窝长方形。前胸背板后横沟位于中部，侧隆线在沟前区弯曲。前翅较长，到达或超过后足股节的端部，径脉域的宽度同亚前缘脉域的宽度约相等，中脉域较宽。鼓膜孔呈宽缝状。体绿色或黑褐色。前胸背板侧隆线前半段外侧及后半段内侧具黑色带纹。后足股节内侧、底侧黄褐色，末端褐色；后足

红腹牧草蝗生态照片

胫节黑褐色。腹部背面和底面红色。雌性颜面略倾斜，颜面隆起在中眼之下低凹。触角端部到达前胸背板的后缘。前翅端部到达或接近后足股节的端部。腹部底面红色。其余特征与雄性相似。

寄主：羊草、冰草、沙芦草、大针茅。

发生地点：内蒙古自治区乌兰察布市察右中旗。

危害部位：全株。

7. 癞蝗科 Pamphagidae

（1）笨蝗属 *Haplofropis*

笨蝗 *Haplotropis brunneriana* Saussure

别名：骆驼、懒蝗、土地老爷。

形态特征：雄性体形粗壮，体表具粗颗粒和短隆线。头较短，短于前胸背板；头顶宽短，三角形，中部低凹，后头部具不规则的网状纹。触角丝状，不到达或到达前胸背板后缘。复眼卵圆形，前胸背板前缘、后缘均呈角状突出。前翅短小，呈鳞片状，侧置，在背面较宽地分开。后翅甚小。后足股节粗短。后足胫节端部具内端刺、外端刺。鼓膜器发达。肛上板为长盾形，中央具纵沟。下生殖板锥形，顶端较尖锐。雌性体形稍大于雄性，前翅较宽圆，肛上板近椭圆形，端部略

笨蝗生态照片

尖，中央具纵沟。下生殖板后缘中央具角状突出，有时稍平或稍凹。体黄褐色、褐色或暗褐色。前胸背板侧片常具不规则淡色斑纹，前翅前缘之半暗褐色，后缘之半较淡。后足股节上侧常具暗色横斑。后足胫节上侧青蓝色，底侧黄褐色或淡黄色。

寄主：白草、草木樨、冷蒿、艾、柄状薹草、委陵菜、羊草、针茅、花苜蓿、二裂委陵菜、白莎蒿、百里香、香柏、披碱草、白莲蒿。

发生地点：内蒙古自治区乌兰察布市察右前旗、内蒙古自治区乌兰察布市丰镇市、内蒙古自治区乌兰察布市凉城县。

危害部位：全株。

（2）突鼻蝗属 *Rhinotmethis*

突鼻蝗 *Rhinotmethis hummeli* Sjostedt

形态特征：雄性体形中等，体表甚粗糙，腹面及后足胫节背面具细密的长毛。头部稍短于前胸背板；头顶较宽，具明显的颗粒状突起。复眼较大而突出，几乎呈圆形。触角到达或超过前胸背板的后缘。前胸背板后缘呈角状突出，近于直角形。前翅较发达。后足股节上侧中隆线具细齿。后足胫节顶端具外端刺，沿胫节上侧外缘具刺8～9个（不包括端刺）。雌性体形较雄性粗大。触角接近前胸背板的后缘。前翅很小，鳞片状，侧置，在背部较宽地分开。下生殖板的后缘中央呈锐角形突出。腹面灰白色，其余为淡褐色至青灰色。后足股节内侧上隆线、下隆线之间为暗蓝色；内侧上缘淡色，下

突鼻蝗生态照片

缘血红色，近端部处具淡色横斑，有时不明显；股节底侧淡色，内侧下膝侧片前端染有血红色块斑。后胫节内侧的基部和端部约1/5处呈血红色，其余中间部分全部为青蓝色。

寄主：针茅。

发生地点：内蒙古自治区乌兰察布市四子王旗。

危害部位：全株。

（二）**鳞翅目** Lepidoptera

螟蛾科 Pyralidae

锥额野螟属 *Loxostege*

草地螟 *Loxostege sticticalis* Linnaeus
别名：黄绿条螟、甜菜网螟、网锥额蚜螟。

草地螟生态照片

形态特征：体长10 ～ 12mm。前翅灰褐色，有暗褐色斑，翅外缘有由数个黄白色点组成的条纹，中央有1个较大的长方形黄白斑，前角有1个较小的长方形黄白斑。后翅灰色，外缘处有2条黑色平行波纹。

寄主：巴天酸模、鹤虱、苜蓿。
发生地点：内内蒙古自治区乌兰察布市四子王旗、内蒙古自治区乌兰察布市凉城县、内蒙古自治区乌兰察布市商都县。

危害部位：全株。

（三）**鞘翅目** Coleoptera

1. 芫菁科 Meloidae

（1）**绿芫菁属** *Lytta*

绿芫菁 *Lytta caraganae* Pallas
别名：青娘子、芫菁、青虫、相思虫。
形态特征：体长11.5 ～ 22.0mm，宽4.0 ～ 7.0mm。体绿色，金属光泽较强，有时呈蓝色、紫色或金属棕色，刻点稀疏，仅腹面及足着生细而短的褐色毛。额中央具1条纵沟和1个红色椭圆形斑；复眼暗褐色，椭圆形。触角较长。前胸背板宽大于长，表面鼓起，两侧各具2

绿芫菁生态照片

47

个隆突，中央具1条纵沟；中域和端部中央各具1个凹洼，略呈圆形，后缘隆边窄，略翘。鞘翅皱纹化，纹较细，与体同色。雄性前足和中足跗节第1节基部细，腹面凹入，端部膨大，中足股节基部腹面各具1个齿，弯曲且端锐；雌性足无以上特征。后足胫节内端距细尖，外端距粗扁，呈马蹄状。

寄主：柠条锦鸡儿、小叶锦鸡儿、针茅、羊草。

发生地点：内蒙古自治区乌兰察布市丰镇市。

危害部位：叶部。

（2）斑芫菁属 *Mylabris*

苹斑芫菁 *Mylabris calida* Pallas

形态特征：体长11～24mm，宽3～5mm。体黑色，被黑色长竖毛。头部刻点浅，较密，后方两侧圆突，额中央具2个小红圆斑。触角黑色或暗褐色，较短。前胸背板中域和后方中央各具1个凹洼，形状不规则。小盾片黑色，较小，半圆形，前缘中部略凹，常被前胸背板覆盖。鞘翅淡黄色至棕色，具黑斑，肩角突起明显；每鞘翅近基部具2个圆斑，外斑距基部较内斑近；中部为1条黑色波浪状横带，外侧紧贴侧缘，内侧未达翅缝；近端部具1对圆斑，有时两个斑连成横带。4条纵脊明显，鞘翅盖过腹端，翅缝不合拢。前足股节

苹斑芫菁生态照片

和胫节腹面密被棕色短毛；各足第1跗节基部黄褐色，爪间突粗短，3根刚毛粗长，内爪片具1列锯齿。

寄主：苜蓿、柄状薹草、小叶锦鸡儿、羊草、针茅、碱韭、糙隐子草、芨芨草。

发生地点：内蒙古自治区乌兰察布市四子王旗、内蒙古自治区乌兰察布市卓资县。

危害部位：叶部。

蒙古斑芫菁 *Mylabris mongolica* Dokhtouroff

形态特征：体长15～21mm，宽3～5mm。体黑色，具蓝绿色金属光泽，黑色长竖毛稀疏。头略呈方形，刻点粗大，头部后方宽而圆；额中央略凹且具1个暗红色圆斑，头部中央具1条光亮纵脊；复眼大，肾形，内缘凹切深。触角较细，长达鞘翅肩部。前胸背板长、宽略相等，表面凹凸不平，黑色竖毛较头部的长。小盾片半圆形，长大于宽，中央微凹，具1条纵脊。鞘翅肩角明显突起，鞘翅具2种颜色，基部和端部为橙黄色，中部为淡黄色；每个鞘翅具4列黑色斑纹，

蒙古斑芫菁生态照片

近基部为2个斑，外斑较内斑大，外斑不规则，内斑圆形且达翅缝，有时两斑相连呈波浪状横带；中部为1条波浪状横带，两侧延伸至翅侧缘，中央向前突出，有时裂为2个斑，内斑较小，呈圆点状，外斑为不规则形；近端部为2个圆斑，大小略相等；翅端部黑边较窄，有时两侧沿翅侧缘向前延伸，与近端部圆斑相连。4条纵脊明显，后伏黑色短毛不明显，鞘翅盖过腹部末端，翅缝端部不合拢。后足股节外侧被黑色长毛，前足胫节外侧亦被黑色长毛，爪间突明显，无刚毛，内爪片无锯齿。

寄主： 针茅、猪毛蒿、田旋花、柄状薹草、糙隐子草、锦鸡儿、柠条锦鸡儿、中华苦荬菜、骆驼刺、松叶猪毛菜、无芒隐子草、小叶锦鸡儿、羊草。

发生地点： 内蒙古自治区乌兰察布市四子王旗。

危害部位： 叶部。

（3）豆芫菁属 *Epicauta*

中华豆芫菁 *Epicauta chinensis* Laporte

形态特征： 成虫体长10～22mm，宽2～4mm。头部的后头两侧、扁平黑瘤、前额中间及触角基部内侧为红色，其余为黑褐色。触角11节，雄性梳齿状，末端逐渐变细，雌性丝状。胸、腹面和鞘翅黑褐色，鞘翅周缘镶以灰白色毛边。吃饱腹胀时，第1～6腹节背部中央各可见1个梯形黑褐色斑块，占各腹节背部的1/3～3/4，其余为黄白色，第2～6腹节背部两侧中央各具1个黑点。前胸和后胸两侧、前足上侧、中足跗节上侧、腹部腹面各节后缘及触角1～3节内侧密被银灰色毛。胫节端部具刺2个，足末端具刺2个。

中华豆芫菁生态照片

寄主： 羊草、针茅、阿尔泰狗娃花、二裂委陵菜、糙隐子草、寸草、大针茅、芨芨草、苜蓿、无芒隐子草、小叶锦鸡儿。

发生地点： 内蒙古自治区乌兰察布市四子王旗。

危害部位： 叶部。

2. 叶甲科 Chrysomelidae

萤叶甲属 *Galeruca*

沙葱萤叶甲 *Galeruca daurica* (Joannis)

形态特征：体长约7.50mm，宽约5.95mm，长卵形，雌性体形略大于雄性。羽化初期虫体为淡黄色，逐渐变为乌金色，具光泽。触角11节，第7～11节稍粗于第2～5节。复眼较大，卵圆形，明显突出。头、前胸背板及足呈黑褐色，前胸背板横宽，长、宽之比约为3：1，表面拱突，上覆瘤突，小盾片呈倒三角形，无刻点。鞘翅缘褶及小盾片为黑色。鞘翅由内向外排列5条黑色条纹，内侧第1条紧贴边缘，第3、第4条短于其他3条，第2条和第5条末端相连。端背片上有1条黄色纵纹，具极细刻点。腹部共5节，初羽化的成虫腹部末端被鞘翅遮盖，取食、生活一段时间以后腹部逐渐膨大，腹末端露于鞘翅外，越夏期间收缩至鞘翅内。雌性腹末端为椭圆形，有1条"一"字形裂口，交配后腹部膨胀变大。雄性末端亦为椭圆形，腹板末端呈2个波峰状凸起。

寄主：碱韭、蒙古韭、针茅。

发生地点：内蒙古自治区乌兰察布市四子王旗、内蒙古自治区乌兰察布市察右中旗、内蒙古自治区乌兰察布市察右后旗、内蒙古自治区乌兰察布市商都县、内蒙古乌兰察布市化德县。

危害部位：全株。

沙葱萤叶甲生态照片

第二节　植物界 Plantae

一、被子植物门 Angiospermae

（一）**毛茛目** Ranales

毛茛科 Ranunculaceae

（1）**毛茛属** *Ranunculus*

毛茛 *Ranunculus japonicus*
别名：野芹菜、毛芹菜。
形态特征：多年生草本植物。根茎短，茎中空，高15～65cm，下部及叶柄被开展糙毛；基生叶数枚，心状五角形，3深裂，中裂片楔状菱形或菱形，3浅裂，具不等齿，侧裂片斜扇形，不等2裂，茎生叶渐小；花序顶生，3～15朵花，萼片5片，卵形，花瓣5片，倒卵形；雄蕊多数，花柱宿存；瘦果扁，斜宽倒卵圆形，具窄边。
生态习性：生长在田沟旁和林缘路边的湿草地；海拔200～2 500m；花期4—8月。
草地类：温性草甸草原、低地草甸。
发生地点：内蒙古自治区乌兰察布市凉城县、内蒙古自治区乌兰察布市兴和县。
危害方式：有毒。

毛茛生态照片

（2）翠雀属 *Delphinium*

翠雀 *Delphinium grandiflorum*
别名：鸡爪连。
形态特征：多年生草本植物。茎高达65.0cm，与叶柄均被反曲平伏柔毛；基生叶及茎下部叶具长柄；叶圆肾形，长2.2～6.0cm，宽4.0～8.5cm，3全裂，小裂片条形，一至二回3裂至近中脉，不等2深裂近基部；叶柄长为叶片长的3～4倍；总状花序具3～15朵花；花梗长1.5～3.8cm，与序轴均密被平伏白色柔毛；小苞片生于花梗中部或上部，与花分开，线形或丝形，长3.5～7.0mm；萼片5片，紫蓝色，椭圆形或宽椭圆形，长1.2～1.8cm，宽0.6～1.0cm，被短柔毛，距钻形，长1.7～2.0（～2.3）cm；退化雄蕊2枚，瓣片近圆形或宽倒卵形，顶端全缘或微凹，腹面中央被黄色毛，雄蕊无毛；心皮3片；种子沿棱具翅。
生态习性：生长于山地草坡或丘陵沙地；海拔500～2 800m；花期7—8月，果期7—9月。
草地类：温性草甸草原、低地草甸、温性典型草原。
发生地点：内蒙古自治区乌兰察布市凉城县、内蒙古自治区乌兰察布市察右中旗、内蒙古自治区乌兰察布市卓资县、内蒙古自治区乌兰察布市察右前旗、内蒙古自治区乌兰察布市兴和县。
危害方式：有毒。

翠雀生态照片

（3）乌头属 *Aconitum*

北乌头 *Aconitum kusnezoffii*
别名：五毒根、草乌头、鸡头草。
形态特征：块根倒圆锥形，长2.0～4.0cm，粗1.0～1.6cm；茎高60.0～

150.0（～200.0）cm，中部之上疏被反曲的短柔毛，等距离生叶，分枝；茎下部叶在开花时枯萎；顶生总状花序长40.0cm；花梗长1.5～3.0（～5.5）cm；小苞片生花梗中部或下部；萼片蓝紫色，外面被短柔毛，上萼片高盔形，高1.5～2.6cm，自基部至喙长1.7～2.2cm，下缘稍凹，喙不明显，侧萼片长1.5～2.0cm；花瓣无毛，瓣片长1.0～4.0mm，唇长3.0～5.0mm，距长（1.0～）2.0～2.5mm，通常拳卷；雄蕊无毛或疏被短毛，花丝有2个小齿或全缘；心皮3～5片，子房疏或密被短柔毛；蓇葖果长1.5～1.8cm；种子长3.0～3.2mm，扁椭圆球形，只一面生横膜翅。

生态习性：生长于山地草坡或灌丛中；海拔100～2 200m；花期7—9月，果期9月。

草地类：温性草甸草原、低地草甸、温性典型草原。

发生地点：内蒙古自治区乌兰察布市凉城县、内蒙古自治区乌兰察布市察右中旗、内蒙古自治区乌兰察布市兴和县。

危害方式：有毒。

北乌头生态照片

西伯利亚乌头 *Aconitum barbatum* var. *hispidum*

别名：马尾大艽、黑秦艽。

形态特征：多年生草本植物。高达1m。直根，扭曲，暗褐色。茎直立，中部以下被伸展的淡黄色长毛，上部被贴伏反曲的短柔毛，在花序之下分枝。基生叶2～4片，叶片近圆肾形，长4.0～10.0cm，宽7.0～14.0cm，3全裂，全裂片羽状细裂，末回裂片条形或狭披针形，上面被短毛，下面被长柔毛；叶具长柄，长达40.0cm，被白色至淡黄色伸展的长柔毛。总状花序长10.0～30.0cm，花多而密集；花序轴和花梗密被贴伏反曲的短柔毛；小苞片条形，着生于花梗中下部，密被反曲短柔毛。萼片黄色，外面密被反曲短柔毛；上萼片圆筒形，高1.3～2.0cm，粗3.0～4.0mm，下缘长0.8～1.2cm；侧萼片宽倒卵形，长约9.0mm，里面上部有1簇长毛，边缘具长纤毛；下萼片矩圆形，长约9.0mm，宽约4.0mm。花瓣无毛，唇长约2.5mm，距直或稍向后弯曲，稍短于唇；雄蕊无毛或有短毛，花丝全缘，中下部加宽；心皮3片，疏被毛。葖果长约1.0cm，疏被短毛；种子倒卵球形，长约2.5mm，褐色，密生横狭翅。

生态习性：生长于山地草坡或疏林中；海拔420～2 200m；花期7—8月，果期8—9月。

草地类：温性草甸草原、低地草甸、温性典型草原。

发生地点：内蒙古自治区乌兰察布市察右中旗。

危害方式：有毒。

西伯利亚乌头生态照片

（4）唐松草属 *Thalictrum*

瓣蕊唐松草 *Thalictrum petaloideum*

别名：马尾黄连。

形态特征：多年生草本植物。植株无毛，茎高达20.0～60.0cm；基生叶2～4片，三至四回三出羽状复叶；小叶草质，倒卵形、宽倒卵形、窄椭圆形、菱形或近圆形，长0.3～1.2cm，宽达1.5cm，3裂或不裂；叶柄长达10.0cm；伞房状聚伞花序，具多花或少花；萼片4片，白色，早落，卵形，长3～5mm；雄蕊多数，长5～12mm；花丝上部倒披针形，下部丝状；心皮4～13片，无柄，花柱短，柱头狭椭圆形；瘦果窄椭圆形，稍扁，长4～6mm，宽2～3mm，宿存花柱长1mm。

生态习性：生长于山坡草地；海拔700～3 000m；花期6—7月，果期8月。

草地类：温性草甸草原、温性典型草原。

发生地点：内蒙古自治区乌兰察布市凉城县、内蒙古自治区乌兰察布市商都县、内蒙古自治区乌兰察布市察右中旗、内蒙古自治区乌兰察布市兴和县、内蒙古自治区乌兰察布市卓资县、内蒙古自治区乌兰察布市察右前旗。

危害方式：有毒。

瓣蕊唐松草生态照片

亚欧唐松草 *Thalictrum minus*

别名：欧亚唐松草。

形态特征：多年生草本植物。植株无毛；茎直立，高达60.0～120.0cm。三至四回三出羽状复叶；叶片长达35.0cm，小叶纸质或薄革质，近圆形、宽倒卵形或楔形，长0.5～1.2cm，宽0.3～1.0cm，3浅裂，小裂片全缘或具1～2个小齿，下面被白粉，网脉隆起。花序圆锥状，长10.0～35.0cm，多花；萼片4

片，淡黄绿色，脱落，窄卵形，长 3.0 ～ 4.0mm，宽 1.5mm；雄蕊多数，长约 7.0mm，花丝丝状，花药条形，长约 3.0mm，具小尖头；心皮 3 ～ 5 片，柱头箭头形。瘦果卵球形，长 2.0 ～ 3.0mm，每侧具 3 条纵肋，宿存柱头长约 0.6mm。

生态习性：生长在山地草坡、田边、灌丛中或林中；海拔 1 400 ～ 2 700m；花期 7—8 月，果期 8—9 月。

亚欧唐松草生态照片

草地类：温性山地草甸。

发生地点：内蒙古自治区乌兰察布市察右中旗、内蒙古自治区乌兰察布市兴和县。

危害方式：有毒。

腺毛唐松草 *Thalictrum foetidum*

别名：香唐松草。

形态特征：多年生草本植物。茎高达 20.0 ～ 50.0cm，无毛或被短柔毛；茎中部叶柄短，三回近羽状复叶，长 10.0cm；小叶草质，菱状宽卵形或卵形，长 0.4 ～ 1.5cm，3 浅裂，疏生齿，下面网脉稍隆起，被短柔毛及腺毛。圆锥花序，多花或少花；花小，直径 5.0 ～ 7.0mm，花梗长 0.5 ～ 1.2cm，被短柔毛或极短腺毛；萼片 5 片，淡黄绿色，脱落，卵形，长 2.5 ～ 4.0mm；花丝丝状，长 3.0 ～ 5.0mm，花药条形，长 1.5 ～ 3.0mm，具小尖头；心皮 4 ～ 8 片，子房疏被毛，柱头三角形，具宽翅。瘦果近扁平，半倒卵形，长

腺毛唐松草生态照片

3.0 ～ 5.0mm，无翅，被短柔毛，宿存柱头长 1.0mm。

生态习性：海拔 900 ～ 3 500m；花期 8 月，果期 9 月。

草地类：温性山地草甸。

发生地点：内蒙古自治区乌兰察布市察右中旗、内蒙古自治区乌兰察布市兴和县。

危害方式：有毒。

（二）菊目 Asterales

菊科 Asteraceae

（1）苍耳属 *Xanthium*

苍耳 *Xanthium sibiricum*
别名：粘头婆、虱马头、苍耳子、刺苍耳、蒙古苍耳。
形态特征：一年生草本植物。茎被灰白色糙伏毛；叶三角状卵形或心形，长4.0～9.0cm，近全缘，基部稍呈心形或平截，与叶柄连接处呈相等楔形，边缘有粗齿，基脉3出，脉密被糙伏毛，下面苍白色，被糙伏毛；叶柄长3.0～11.0cm；雄头状花序球形，直径4.0～6.0mm，总苞片长圆状披针形，被柔毛，雄花多数，花冠钟形；雌头状花序椭圆形，总苞片外层披针形，长约3.0mm，被柔毛，内层囊状，宽卵形或椭圆形，绿色、淡黄绿色或带红褐色，具瘦果的成熟总苞卵形或椭圆形，连喙长1.2～1.5cm，背面疏生细钩刺，粗刺长1.0～1.5mm，基部不增粗，常有腺点，喙锥形，上端稍弯；瘦果2枚，倒卵圆形。
生态习性：生长于干旱山坡或沙质荒地；花期7—8月，果期9—10月。
草地类：温性荒漠草原。
发生地点：全市范围内有不同程度发生。
危害方式：其他。

苍耳生态照片

（2）飞廉属 *Carduus*

飞廉 *Carduus nutans*
形态特征：二年生或多年生草本植物。茎单生或簇生，茎枝疏被蛛丝毛和长毛；中下部茎生叶长卵形或披针形，长（5～）10～40cm，羽状半裂或深裂，侧裂片5～7对，斜三角形或三角状卵形，两面同色，两面沿脉被长毛；头状花序下垂或下倾，单生茎枝顶端；总苞钟状或宽钟状，直径4～7cm，总苞片多层，向内层渐长，无毛或疏被蛛丝状毛，最外层长三角形，宽4.0～4.5mm，中层及内层三角状披针形，长椭圆形或椭圆状披针形，宽约5.0mm，最内层苞片宽线形或线状披针形，宽2.0～3.0mm；小花紫色；瘦果灰黄色，楔形，稍扁，有多数浅褐色纵纹及横纹，果缘全缘；冠毛白色，锯齿状。

生态习性：生长于山谷、田边或草地；海拔540～2 300m；花果期6—10月。

草地类：温性典型草原、温性荒漠草原。

发生地点：全市范围内有不同程度发生。

危害方式：其他。

飞廉生态照片

（3）蓝刺头属 *Echinops*

蓝刺头 *Echinops davuricus*

别名：驴欺口、单州漏芦、火绒草。

形态特征：多年生草本植物。茎单生，上部分枝，茎枝被长毛和薄毛；基生叶和下部茎生叶宽披针形，长15.0～25.0cm，羽状半裂；中部茎生叶与基生叶及下部茎生叶同形并等样分裂；叶纸质，上面密被糙毛，下面被灰白色蛛丝状绵毛，沿脉有长毛；复头状花序单生茎枝顶端，直径4.0～5.5cm，基毛长1.0cm，长为总苞之半，白色；总苞片14～18片；小花淡蓝色或白色；瘦果倒圆锥状，密被黄色贴伏长直毛，不遮盖冠毛。

生态习性：生长于山坡林缘或渠边；花果期8—9月。

草地类：温性山地草甸、温性典型草原、温性荒漠草原。

发生地点：内蒙古自治区乌兰察布市凉城县、内蒙古自治区乌兰察布市察右中旗、内蒙古自治区乌兰察布市卓资县、内蒙古自治区乌兰察布市丰镇市、内蒙古自治区乌兰察布市察右前旗、内蒙古自治区乌兰察布市兴和县。

危害方式：其他。

蓝刺头生态照片

砂蓝刺头 Echinops gmelini

形态特征：一年生草本植物。高10.0～90.0cm；根直伸，细圆锥形；茎单生，茎枝淡黄色，疏被腺毛；下部茎生叶线形或线状披针形，边缘具刺齿、三角形刺齿裂或刺状缘毛；中上部茎生叶与下部茎生叶同形；叶纸质，两面绿色，疏被蛛丝状毛及腺点；复头状花序单生茎顶或枝端，直径2.0～3.0cm，基毛白色，长1.0cm，细毛状，边缘糙毛状；总苞片16～20片，外层线状倒披针形，爪基部有蛛丝状长毛，中层倒披针形，长1.3cm，背面上部被糙毛，背面下部被长蛛丝状毛，内层长椭圆形，中间芒刺裂较长，背部被长蛛丝状毛；小花蓝色或白色；瘦果倒圆锥形，密被淡黄棕色长直毛，遮盖冠毛。

生态习性：生长于山坡砾石地、荒漠草原、黄土丘陵或河滩沙地；海拔580～3 120m；花果期6—9月。

草地类：温性典型草原。

发生地点：内蒙古自治区乌兰察布市商都县、内蒙古自治区乌兰察布市四子王旗。

危害方式：其他。

砂蓝刺头生态照片

（4）蓟属 *Cirsium*

刺儿菜 *Cirsium setosum*

别名：大刺儿菜、野红花、小刺盖、大蓟、刺蓟、刻叶刺儿菜。

形态特征：多年生草本植物。茎上部花序分枝无毛或有薄绒毛；基生叶和中部茎生叶椭圆形、长椭圆形或椭圆状倒披针形，长7.0～15.0cm，基部楔形，通常无叶柄；上部叶渐小，椭圆形、披针形或线状披针形；茎生叶均不裂，叶缘有细密针刺，大部茎叶羽状浅裂或半裂，有粗大圆齿，裂片为锯齿斜三角形，先端有较长针刺，两面绿色或下面色淡，无毛，稀下面被绒毛呈灰色或两面被薄绒毛；头状花序单生茎端或排成伞房花序；总苞卵圆形或长卵形，直径1.5～2.0cm，总苞片约6层，覆瓦状排列，向内层渐长，先端有刺尖，外层及中层长5.0～8.0mm，内层

刺儿菜生态照片

60

长椭圆形或线形，长1.1~2.0cm；小花紫红色或白色，雌花花冠长2.4cm，檐部长6.0mm，管部细丝状，长1.8cm；两性花花冠长1.8cm，檐部长6.0mm，管部细丝状，长1.2mm；瘦果淡黄色，椭圆形或偏斜椭圆形，顶端斜截；冠毛污白色。

生态习性： 生长于平原、丘陵和山地；海拔170~2 650m；花果期5—9月。

草地类： 温性典型草原。

发生地点： 内蒙古自治区乌兰察布市察右中旗、内蒙古自治区乌兰察布市察右前旗、内蒙古自治区乌兰察布市卓资县。

危害方式： 其他。

（5）猬菊属 *Olgaea*

猬菊 *Olgaea lomonossowii*

别名： 蝟菊。

形态特征： 多年生草本植物。茎高15~60cm；根直伸，直径达2cm；茎单生，基部直径达1cm，被残存的棕褐色叶柄，残存的叶柄不呈纤维状撕裂，通常自基部或下部分枝，分枝伸长，开展或斜升，很少不分枝，全部茎枝有条棱，灰白色，被密厚绒毛或变稀毛。基生叶长椭圆形，羽状浅裂或深裂，向基部渐窄成叶柄；侧裂片4~7对，长椭圆形、半椭圆形、卵形、长卵形或卵状披针形，裂片边缘及先端有浅褐色针刺；下部茎生叶与基生叶成翼柄；叶草质或纸质，上面无毛，下面密被灰白色绒毛。冠毛多层，褐色，向内层渐长，长达2cm，基部连合成环，整体脱落；冠毛刚毛糙毛状，向顶端渐细，易脆折。瘦果楔状倒卵形，长

猬菊生态照片

6.0mm，宽3.0~3.5mm，顶端截形，果缘边缘浅波状，基底着生面稍见偏斜。

生态习性： 生长在山谷、山坡、沙窝或河槽地；海拔850~2 300m；花果期7—10月。

草地类： 温性典型草原、温性荒漠草原。

发生地点： 内蒙古自治区乌兰察布市四子王旗、内蒙古自治区乌兰察布市察右前旗、内蒙古自治区乌兰察布市察右中旗、内蒙古自治区乌兰察布市察右后旗。

危害方式： 其他。

火媒草 *Olgaea leucophylla*

别名： 白山蓟、白背、鳍蓟。

形态特征：多年生草本植物。茎枝灰白色，密被蛛丝状绒毛，茎生叶沿茎下延成茎翼，翼宽1.5～2.0cm。基生叶长椭圆形，宽3.0～5.0cm，稍羽状浅裂，侧裂片7～10对，宽三角形，裂片及刺齿先端及边缘有褐色或淡黄色针刺，有短柄；茎生叶与基生叶同形或椭圆状披针形，两面近同色，灰白色，被蛛丝状绒毛，厚纸质。头状花序单生茎枝顶端；总苞钟状，直径3.0～4.0cm，无毛或几无毛，总苞片多层，先端渐尖成针刺，外层长三角形，宽2.5～3.0mm，中层披针形或长椭圆状披针形，内层线状长椭圆形或宽线形；小花紫色或白色。瘦果长椭圆形，浅黄色，有棕黑色斑；冠毛浅褐色，多层，冠毛刚毛细糙毛状。

生态习性：生长在草地、农田或水渠边；海拔750～1730m；花果期5—10月。

草地类：温性荒漠草原。

发生地点：内蒙古自治区乌兰察布市四子王旗。

危害方式：其他。

火媒草生态照片

（6）白酒草属 *Conyza*

小蓬草 *Conyza canadensis*

别名：小飞蓬、飞蓬、加拿大飞蓬、小白酒草、蒿子草。

形态特征：一年生草本植物。根纺锤状，具纤维状根；茎直立，高50.0～100.0cm或更高，圆柱状，多少具棱，有条纹，被疏长硬毛，上部多分枝。叶密集，基部叶花期常枯萎，下部叶倒披针形，长6.0～10.0cm，宽1.0～1.5cm，顶端尖或渐尖，基部渐狭成柄，边缘具疏锯齿或全缘，中部叶和上部叶较小，线状披针形或线形，近无柄或无柄，全缘或少有具1～2个齿，两面或仅上面被疏短毛，边缘常被上弯的硬缘毛。头状花序多数，小，直径3.0～4.0mm，排列成顶生多分枝的大圆锥花序；花序梗细，长5.0～10.0mm，总苞近圆柱状，长2.5～4.0mm；总苞片2～3层，淡绿色，线状披针形或线形，顶端渐尖，外层短于内层之半，背面被疏毛，内层长3.0～3.5mm，宽约0.3mm，边缘干膜质，无毛；花托平，直径2.0～2.5mm，具不明显的突起；雌花多数，舌状，白色，长2.5～3.5mm，舌片小，稍超出花盘，线形，顶端具2个钝小齿；两性花淡黄色，花冠管状，长2.5～3.0mm，上端具4或5个齿裂，管部上部被疏微毛；瘦果线状披针形，长1.2～1.5mm，稍扁压。

生态习性：生长在旷野、荒地、田边和路旁；花期5—9月。

草地类：温性典型草原、温性草甸草原。

发生地点：内蒙古自治区乌兰察布市凉城县。

危害方式：外来入侵物种。

小蓬草生态照片

（三）紫草目 Boraginales

紫草科 Boraginaceae

（1）齿缘草属 *Eritrichium*

假鹤虱齿缘草 *Eritrichium thymifolium*

别名：假鹤虱。

形态特征：一年生草本植物。高达40cm；茎直立，多分枝，密被糙伏毛。基生叶匙形或倒披针形，长1～3cm；茎生叶线形，长1～3cm，基部渐窄，两面被具基盘糙毛，具短柄或无柄。聚伞花序顶生，长5～15cm；具苞片；花梗长1.0～2.0mm；花萼裂至基部，长1.5～2.0mm，裂片线形，两面被糙毛；花冠漏斗形，蓝色或淡紫色，冠筒稍短于花萼，冠檐直径1.5～2.0mm，喉部附属物微小；花药三角状卵圆形。小坚果卵圆形，长1.5～2.0mm，背盘卵形或窄卵形，中线稍隆起，边缘具三角形锚状刺，刺长约1.0mm，基部常连合，腹面凸，具纵脊，着生面位于腹面中部。

生态习性：花果期6—8月。

草地类：温性荒漠草原、温性典型草原。

发生地点：内蒙古自治区乌兰察布市凉城县、内蒙古自治区乌兰察布市察右中旗。

危害方式：其他。

（2）鹤虱属 *Lappula*

鹤虱 *Lappula myosotis*

别名：小粘染子。

形态特征：一年生草本植物。

假鹤虱齿缘草生态照片

高达20～35cm；茎直立，多分枝，密被短糙伏毛；茎生叶线形或线状倒披针形，长1～2cm，先端渐尖或尖，基部渐窄，两面疏被具基盘糙硬毛；苞片叶状，与花对生；花梗长2.0～5.0mm；花萼裂片线形，被毛，果期开展；花冠漏斗状，淡蓝色，长约3.0mm，冠檐直径3.0～4.0mm，裂片窄卵形，附属物生于喉部，梯形；果序长10～20cm；小坚果卵圆形，长约3.5mm，被疣点，背盘窄卵形或披针形，中线具纵脊，边缘具2行近等长锚状刺，刺长1.5～2.0mm，基部靠合；雌蕊基及花柱稍高出小坚果。

生态习性：生长于草地、山坡等处；花果期6—8月。

草地类：温性草甸草原、低地草甸、温性荒漠草原。

发生地点：内蒙古自治区乌兰察布市凉城县、内蒙古自治区乌兰察布市察右中旗、内蒙古自治区乌兰察布市卓资县、内蒙古自治区乌兰察布市察右前旗。

危害方式：攀缘、其他。

鹤虱生态照片

（四）伞形目 Apiales

伞形科 Apiaceae

毒芹属 *Cicuta*

毒芹 *Cicuta virosa*
别名：宽叶毒芹。

形态特征：高达1m；茎单生，中空，有分枝；基生叶柄长15.0～30.0cm，叶鞘膜质，抱茎；叶三角形或三角状披针形，长12.0～20.0cm，二至三回羽裂；小裂片窄披针形，长1.5～6.0cm，有锯齿或缺刻；复伞形花序，无总苞片或1～2片；伞辐6～25个；小总苞片线状披针形；伞形花序有花15～35朵；萼齿卵状三角形；花瓣倒卵形或近圆形；果卵圆形，合生面缢缩。

生态习性：生长于中低海拔的杂木林下、湿地或水沟边；花果期7—8月。

草地类：温性草甸草原、低地草甸。

发生地点：内蒙古自治区乌兰察布市察右中旗、内蒙古自治区乌兰察布市兴和县。

危害方式：有毒。

毒芹生态照片

（五）唇形目 Lamiales

列当科 Orobanchaceae

马先蒿属 *Pedicularis*

中国马先蒿 *Pedicularis chinensis*
形态特征：一年生草本植物。高达30.0cm；茎单出或多条，直立或弯曲上升至倾卧；叶基生与茎生，基生叶柄长达4.0cm，上部叶脉较短，均被长毛；叶披针状长圆形或线状长圆形，长达7.0cm，羽状浅裂或半裂，裂片7～13对，卵形，有重锯齿；花序长总状；苞片叶状，密被缘毛；花萼管状，长1.5～1.8cm，密被毛，有时具紫斑，前方约裂2/5，萼齿2个，叶状；花冠黄色，冠筒长4.5～5.0cm，被毛，上唇上端渐弯，无鸡冠状突起，喙细，长达1.0cm，半环状，下唇宽为长的2倍，宽约2.0cm，密被缘毛，中裂片较小，顶部平截或微圆，不前凸于侧裂片；花丝均被密毛；蒴果长圆状披针形，长1.9cm，顶端有小凸尖。

生态习性：生长于高山草地；海拔1 700 ~ 2 900m；花期7月，果期8月。

草地类：温性草甸草原。

发生地点：内蒙古自治区乌兰察布市察右中旗、内蒙古自治区乌兰察布市兴和县。

危害方式：寄生。

中国马先蒿生态照片

红纹马先蒿 *Pedicularis striata*

形态特征：多年生草本植物。高达1m；茎直立，密被短卷毛，老时近无毛；基生叶丛生，茎生叶多数，柄短，叶披针形，长达10.0cm，宽3.0 ~ 4.0cm，羽状深裂或全裂，裂片线形，有锯齿；花序穗状，长6.0 ~ 22.0cm，轴被密毛；苞片短于花，无毛或被缘毛；花萼长1.0 ~ 1.3cm，被疏毛，萼齿5个，不等，卵状三角形，近全缘；花冠黄色，具绛红色脉纹，长2.5 ~ 3.3cm，上唇镰刀形，顶端下缘具2个齿，下唇稍短于上唇，不甚张开，3浅裂，中裂片较小，叠置于侧裂片之下；花丝1对，有毛；蒴果卵圆形，长0.9 ~ 1.6cm，有短突尖。

生态习性：花期6—7月，果期7—8月。

草地类：温性山地草甸。

发生地点：内蒙古自治区乌兰察布市察右中旗。

危害方式：有毒。

红纹马先蒿生态照片

（六）豆目 Fabales

豆科 Fabaceae

（1）棘豆属 *Oxytropis*

猫头刺 *Oxytropis aciphylla*

别名：老虎爪子、鬼见愁、刺叶柄棘豆。

形态特征：矮小垫状半灌木。高达 20.0cm；茎多分枝；偶数羽状复叶，叶轴顶端针刺状，宿存，长 2.0～6.0cm，密被柔毛；小叶 5～7 对生，线形，长 0.5～1.8cm，先端渐尖，基部楔形，边缘常内卷，两面密被贴伏白色柔毛；托叶膜质，彼此合生，下部与叶柄贴生，先端截形，被柔毛或光滑，边缘有白色长柔毛。总状花序腋生，具 1～2 朵花；苞片膜质，钻状披针形；花萼筒状，花后稍膨胀，密被长柔毛；花冠红紫色、蓝紫色或白色；旗瓣倒卵形，长 1.2～2.4cm，基部渐窄成瓣柄，翼瓣长 1.2～2.0cm，龙骨瓣长 1.1～1.3cm，喙长 1.0～1.5mm；子房圆柱形，花柱顶端弯曲，无毛；荚果硬革质，长圆形，长 1.0～2.0cm，腹缝线深陷，密被白色贴伏柔毛，不完全 2 室。

生态习性：生长在砾石质平原、薄层沙地、丘陵坡地及沙荒地；海拔 1 000～3 250m；花期 5—6 月，果期 6—7 月。

草地类：温性荒漠草原。

发生地点：内蒙古自治区乌兰察布市四子王旗。

危害方式：其他。

花

猫头刺生态照片

砂珍棘豆 *Oxytropis racemosa*

别名：东北棘豆、泡泡草、毛抓抓、泡泡豆、鸭嘴豆、砂棘豆。

形态特征：多年生草本植物。高15.0～30.0cm；茎缩短，多头。奇数羽状复叶长5.0～14.0cm；托叶膜质，卵形，被柔毛；叶柄密被长柔毛；小叶6～12轮，每轮4～6片，长圆形、线形或披针形，长0.5～1.0cm，先端尖，基部楔形，边缘有时内卷，两面密被贴伏长柔毛。顶生头形总状花序，被微卷曲柔毛；苞片披针形，短于花萼，宿存；花萼管状钟形，长5.0～7.0mm，萼齿线形，长1.5～3.0mm，被短柔

砂珍棘豆生态照片

毛；花冠红紫色或淡紫红色，旗瓣匙形，长约1.2cm，先端圆或微凹，基部渐窄成瓣柄，翼瓣卵状长圆形，长1.1cm，龙骨瓣长9.5mm，喙长约1.0mm；子房微被毛或无毛，花柱顶端弯曲。荚果膜质，球状，膨胀，长约1.0cm，顶端具钩状短喙，腹缝线内凹，被短柔毛，隔膜宽约0.5mm。

生态习性：生长在沙滩、沙荒地、沙丘、沙质坡地及丘陵地区阳坡；海拔600～1 900m；花期5—7月，果期6—10月。

草地类：温性荒漠草原。

发生地点：内蒙古自治区乌兰察布市四子王旗。

危害方式：有毒。

小花棘豆 *Oxytropis glabra*

别名：绊肠草、醉马草、马绊肠、盐生棘豆、砾石棘豆、细叶棘豆、包头棘豆。

形态特征：多年生草本植物。高20（～35）～80cm；根细而直伸；茎分枝多，直立或铺散，长30～70cm，无毛或疏被短柔毛，绿色；羽状复叶长5～15cm；托叶草质，卵形或披针状卵形，彼此分离或于基部合生，长5.00～10.00mm，无毛或微被柔毛；叶轴疏被开展或贴伏短柔毛；小叶11～19（～27）片，披针形或卵状披针形，长5.00（～10.00）～25.00mm，宽3.00～7.00mm，先端尖或钝，基部宽楔形或圆形，上面无毛，下面微被贴伏柔毛；多花组成稀疏总状花序，长4～7cm；总花梗长5～12cm，通常较叶长，被开展的白色短柔毛；苞片膜质，狭披针

小花棘豆生态照片

形，长约2.00mm，先端尖，疏被柔毛；花长6.00～8.00mm；花梗长1.00mm；花萼钟形，长42.00mm。被贴伏白色短柔毛，有时混生少量的黑色短柔毛，萼齿披针状锥形，长1.50～2.00mm；花冠淡紫色或蓝紫色，旗瓣长7.00～8.00mm，瓣片圆形，先端微缺，翼瓣长6.00～7.00mm，先端全缘，龙骨瓣长5.00～6.00mm，喙长0.25～0.50mm；子房疏被长柔毛；荚果膜质，长圆形，膨胀，下垂，长10.00～20.00mm，宽3.00～5.00mm，喙长1.00～1.50mm，腹缝具深沟，背部圆形，疏被贴伏白色短柔毛或混生黑色、白色柔毛，后期无毛，1室；果梗长1.00～2.50mm。

生态习性：生于山坡草地、石质山坡、河谷阶地、冲积川地、草地、荒地、田边、渠旁、沼泽草甸、盐土草滩、沙地上；海拔440～3 400m；花期6—9月，果期7—9月。

草地类：温性典型草原、温性草甸草原、温性山地草甸、温性荒漠草原。

发生地点：内蒙古自治区乌兰察布市察右中旗、内蒙古自治区乌兰察布市四子王旗。

危害方式：有毒。

（2）野决明属 *Thermopsis*

披针叶野决明 *Thermopsis lanceolata*

别名：牧马豆、披针叶黄华、面人眼睛、绞蛆爬。

形态特征：茎直立或斜升，基部多分枝；托叶2片，基部连合，披针形或卵状披针形，长1.0～4.0cm，叶柄稍短于托叶；小叶倒披针形或长圆状倒披针形，长2.5～8.0cm，先端钝或锐尖，基部楔形；总状花序顶生，长0.6～1.7cm；花轮生，3朵花1轮；有花2～6轮；苞片长卵形，长1.0～1.8cm，基部连合；花萼筒状，长约2.0cm，萼齿披针形，上方2枚齿大部分合生；花冠黄色，旗瓣瓣片近圆形，长2.0～2.7cm，翼瓣稍短于旗瓣，龙骨瓣短于翼瓣，瓣片半圆形；子房

披针叶野决明生态照片

具柄；荚果扁带形，长3.0～8.0（～10.0）cm，直或微弯曲。

生态习性：生长于草原沙丘、河岸和砾滩；海拔2 000～4 700m；花期5—7月，果期6—10月。

草地类：温性草甸草原、温性山地草甸、温性典型草原。

发生地点：全市范围内有不同程度发生。

危害方式：有毒。

（3）槐属 *Sophora*

苦豆子 *Sophora alopecuroides*

形态特征：草本植物或半灌木。高约1m；芽外露；枝密被灰色平伏绢毛；叶长6.0～15.0cm，叶柄基部不膨大，与叶轴均密被灰色平伏绢毛，小叶15～27片，对生或近互生，披针状长圆形或椭圆状长圆形，长1.5～3.0cm，先端钝圆，基部圆或宽楔形，灰绿色，两面密被灰色平伏绢毛；托叶小，钻形，宿存，无小托叶；总状花序顶生，花多数密集；花萼斜钟状，长5.0～6.0mm，密被平伏灰色绢质长柔毛，萼齿短三角形，不等大；花冠白色或淡黄色，旗瓣长1.5～2.0cm，瓣片长圆形，基部渐窄成爪，翼瓣与龙骨瓣近等长，稍短于旗瓣，雄蕊10枚，花丝多少连合，有时近二体；子房密被白色伏贴柔毛；荚果串珠状，长8.0～13.0cm，密被平伏绢质短毛，成熟时表面撕裂，后2瓣裂；具6～12颗种子；种子卵圆形，直而稍扁，褐色或黄褐色。

生态习性：花期5—6月，果期8—10月。

草地类：温性典型草原、温性荒漠草原。

发生地点：内蒙古自治区乌兰察布市察右前旗。

危害方式：有毒。

苦豆子生态照片

（4）苦马豆属 *Sphaerophysa*

苦马豆 *Sphaerophysa salsula*
别名：泡泡豆、羊尿泡、红苦豆子、羊卵蛋。
形态特征：半灌木或多年生草本植物。高达60.0cm，被或疏或密的白色"丁"字形毛；羽状复叶，小叶11～21片，小叶倒卵形或倒卵状长圆形，长0.5～1.5（～2.5）cm，先端圆或微凹，基部圆形或宽楔形，上面几无毛，下面被白色"丁"字形毛。总状花序长于叶，有6～16朵花；花萼钟状，萼齿三角形，被白色柔毛；花冠初时鲜红色，后变紫红色，旗瓣瓣片近圆形，反折，长1.2～1.3cm，基部具短瓣柄，翼瓣长约1.2cm，基部具微弯的短柄，龙骨瓣与翼瓣近等长；子房密被白色柔毛，花柱弯曲，内侧疏被纵裂毛；荚果椭圆形或卵圆形，长1.7～3.5cm，膜质，膨胀，疏被白色柔毛。

苦马豆生态照片

生态习性：生长在山坡、草原、荒地、沙滩、戈壁绿洲、沟渠旁及盐池周围，较耐干旱，习见于盐化草甸、强度钙质性灰钙土上；海拔960～3 180m。
草地类：温性典型草原、温性荒漠草原、低地草甸。
发生地点：内蒙古自治区乌兰察布市察右前旗、内蒙古自治区乌兰察布市四子王旗。
危害方式：有毒。

（七）牻牛儿苗目 Geraniales

蒺藜科 Zygophyllaceae

（1）骆驼蓬属 *Peganum*

骆驼蓬 *Peganum harmala*
别名：臭古朵、臭骨朵。
形态特征：多年生草本植物。高30.0～70.0cm，无毛；根多数，直径可达2.0cm；茎基部多分枝；叶互生，卵形，全裂为3～5条形或披针状条形裂片，裂片长1.0～3.5cm，宽1.5～3.0mm；花单生枝端，与叶对生；萼片5片，裂片条形，长1.5～2.0cm，有时仅顶端分裂；花瓣黄白色，倒卵状矩圆形，长1.5～2.0cm，宽6.0～9.0mm；雄蕊15枚，花丝近基部宽展；子房3室，花柱3枚；蒴果近球形，稍扁；种子三棱形，稍弯，黑褐色，被小瘤。

生态习性：生长于荒漠地带干旱草地、绿洲边缘轻盐渍化沙地、壤质低山坡或河谷沙丘；海拔3 600m；花期5—6月，果期7—9月。

草地类：温性荒漠草原、温性典型草原。

发生地点：内蒙古自治区乌兰察布市四子王旗。

危害方式：有毒。

骆驼蓬生态照片

（2）蒺藜属 *Tribulus*

蒺藜 *Tribulus terrestris*

别名：白蒺藜、蒺藜狗。

形态特征：一年生草本植物。茎平卧；小叶对生；枝长20.0～60.0cm，偶数羽状复叶，长1.5～5.0cm；小叶对生，3～8对，矩圆形或斜短圆形，长5～10mm，宽2～5mm，先端锐尖或钝，基部稍偏斜，被柔毛，全缘；花腋生，花梗短于叶，花黄色；萼片5片，宿存；花瓣5片；雄蕊10枚，生于花盘基部，基部有鳞片状腺体，子房5条棱，柱头5裂，每室3～4枚胚珠；果有分果瓣5个，硬，长4～6mm，无毛或被毛，中部边缘有锐刺2枚，下部常有小锐刺2枚，其余部位常有小瘤体。

生态习性：生长在沙地、荒地、山坡、居民点附近；花期5—8月，果期6—9月。

草地类：温性典型草原、温性草甸草原、温性荒漠草原。

发生地点：内蒙古自治区乌兰察布市四子王旗、内蒙古自治区乌兰察布市察右后旗、内蒙古自治区乌兰察布市察右中旗、内蒙古自治区乌兰察布市凉城县。

蒺藜生态照片

危害方式：有毒、其他。

（八）蔷薇目 Rosales

荨麻科 Urticaceae

荨麻属 *Urtica*

麻叶荨麻 *Urtica cannabina*
别名：焮麻、火麻、哈拉海。
形态特征：多年生草本植物。高达1.5m；茎几无刺毛；叶五角形，掌状3全裂，稀深裂，一回裂片羽状深裂，二回裂片具裂齿或浅锯齿，下面被柔毛，脉上疏生刺毛，上面密布钟乳体；叶柄长2.0～8.0cm，托叶每节4片，离生，线形，长0.5～1.5cm；花雌雄同株，雄花序圆锥状，生下部叶腋，长5.0～8.0cm；雌花序生上部叶腋，常穗状，有时在下部有少数分枝，长2.0～7.0cm，序轴粗；雄花花被片合生至中部；瘦果窄卵圆形，顶端尖，长2～3mm，有褐红色疣点；宿存花被片在下部1/3处合生，内面2枚椭圆状卵形，先端钝圆，长2～4mm，外面生1～4根刺毛和糙毛，外面2枚卵形或长圆状卵形，长为内面2枚的1/4～1/3，常有1根刺毛。
生态习性：生长于丘陵性草原或坡地、沙丘坡上、河漫滩、河谷、溪旁等处；海拔800～2 800m；花期7—8月，果期8—10月。
草地类：温性典型草原。
发生地点：内蒙古自治区乌兰察布市四子王旗、内蒙古自治区乌兰察布市卓资县。
危害方式：有毒、其他。

麻叶荨麻生态照片

（九）茄目 Solanales

1. 茄科 Solanaceae

（1）曼陀罗属 *Datura*

曼陀罗 *Datura stramonium*

别名：枫茄花、狗核桃、万桃花、野麻子、洋金花、耗子阎王。

形态特征：草本或半灌木状植物。高达1.5m，植株无毛或幼嫩部分被短柔毛；叶宽卵形，淡绿色，长8.0～17.0cm，先端渐尖，基部呈不对称楔形，具不规则波状浅裂，裂片3.0～5.0cm，裂片具短尖头，有时具波状齿，侧脉3～5对；叶柄长3.0～5.5cm；花直立，花梗长0.5～1.2cm；萼筒长3.0～5.0cm，具5条棱，基部稍肿大，裂片三角形，花后自近基部断裂，宿存部分增大并反折；花冠漏斗状，长6.0～10.0cm，下部淡绿色，上部白色或淡紫色，冠檐径3.0～5.0cm，裂片具短尖头；雄蕊内藏，花丝长约3.0cm，花药长约4mm；花子房密被柔针毛；蒴果直立，卵圆形，长3.0～4.5cm，被坚硬针刺或无刺，淡黄色，规则4瓣裂；种子卵圆形，稍扁，长约4mm，黑色。

生态习性：生长于住宅旁、路边或草地上，也有栽培作药用或观赏；花期6—10月，果期7—11月。

草地类：温性荒漠草原。

发生地点：内蒙古自治区乌兰察布市丰镇市、内蒙古自治区乌兰察布市兴和县、内蒙古自治区乌兰察布市卓资县、内蒙古自治区乌兰察布市凉城县。

危害方式：有毒。

曼陀罗生态照片

（2）天仙子属 *Hyoscyamus*

天仙子 *Hyoscyamus niger*

别名：马铃草、莨菪、牙痛草、骆驼籽。

形态特征：一年生或二年生草本植物。高达1m；根较粗壮；自根茎生出莲座状叶丛，叶卵状披针形或长圆形，长达30.0cm，先端尖，基部渐窄，具粗齿或羽状浅裂，中脉宽扁，侧脉5～6对，叶柄翼状，基部半抱根茎；茎生叶卵形或三角状卵形，长4.0～10.0cm，先端钝或渐尖，基部宽楔形半抱茎，不裂或羽裂；茎顶叶浅波状，裂片多为三角形，无叶柄；叶全部茎生，卵形或椭圆形，顶端急尖或钝，边缘每边有1～3个不对称排列的波状齿，上面近无毛或沿叶脉有疏柔毛，下面生腺毛，长3.0～8.0cm，宽1.5～5.0cm，开花部分的叶无柄，基部半

天仙子生态照片

抱茎或宽楔形，茎下部的叶有柄；花在茎中下部单生叶腋，在茎上端单生苞状叶腋内组成蝎尾式总状花序，常偏向一侧，花近无梗或梗极短；花萼筒状钟形，长1.0～1.5cm，裂片稍不等大，花后坛状，长2.0～2.5cm，直径1.0～1.5cm，具纵肋，裂片张开，刺状；花冠钟状，长约为花萼的2倍，黄色，肋纹紫堇色；雄蕊稍伸出；蒴果长卵圆形，长约1.5cm；种子近盘形，直径约1mm，淡黄褐色。

生态习性：生长于山坡、路旁、住宅区及河岸沙地；花期5—8月，果期7—10月。

草地类：低地草甸、温性典型草原、温性荒漠草原。

发生地点：全市范围内有不同程度发生。

危害方式：有毒。

（3）茄属 *Solanum*

黄花刺茄 *Solanum rostratum*

别名：壶萼刺茄、尖嘴茄、刺萼龙葵。

形态特征：一年生草本植物。高30.0～70.0cm；茎直立，基部稍木质化，自中下部多分枝，密被长短不等带黄色的刺，刺长0.5～0.8cm，并有带柄的星状毛；叶互生，叶片卵形或椭圆形，长8.0～18.0cm，宽4.0～9.0cm，不规则羽状深裂，部分裂片又羽状半裂，裂片椭圆形或近圆形，先端钝，表面疏被5～7根分叉星状毛，背面密被5～9根分叉星状毛，两面脉上疏具刺，刺长3.0～5.0mm；叶柄长0.5～5.0cm，密被刺及星状毛；蝎尾状聚伞花序腋生，花3～10朵；花期花轴伸长变成总状，长3.0～6.0cm，果期花轴长可达16.0cm；萼筒钟状，长7.0～8.0mm，宽3.0～4.0mm，密被刺及星状毛；萼裂片5片，条状披针形，长约3.0mm，密被星状毛。花冠黄色，辐状，直径2.0～3.5cm，5裂，花瓣外面密被星状毛；雄蕊5枚，下面1枚最长，长9.0～10.0mm，后期常带紫色，内弯曲呈弓形，其余4枚长6.0～7.0mm；花药黄色，异形；浆果球形，直径1.0～1.2cm，完全被增大的带刺及星状毛的硬萼包被，萼裂片直立靠拢呈鸟喙状；果皮薄，与萼合生，自顶端开裂后种子散出；种子多数，黑色，直径2.5～3.0mm，具网状凹。

生态习性：生于河边、路旁，外来入侵物种；花果期6—9月。

草地类：温性典型草原、温性

黄花刺茄生态照片

草甸草原、低地草甸。

发生地点： 内蒙古自治区乌兰察布市集宁区南梁村和武贵村。

危害方式： 有毒。

2. 旋花科 Convolvulaceae

打碗花属 *Calystegia*

毛打碗花 *Calystegia dahurica*

别名： 紫花牵牛、连簪簪、牵牛花、心叶牵牛、重瓣圆叶牵牛。

形态特征： 多年生草本植物。茎缠绕，先端密被粗硬毛，至茎基部毛渐稀疏；叶通常卵状矩圆形或卵状三角形，长2.5～5.0cm，宽1.5～2.8cm，幼叶密被粗硬毛，茎基部叶毛渐稀疏，先端渐尖，基部心形或戟形；叶柄长1.0～2.0cm，被毛；花单生叶腋；花梗长于叶片，被毛，或在茎基部的花梗稀疏被毛或近于无毛；花大，长4.0～4.5cm；苞片狭卵形，长1.5～2.0cm，先端稍钝，具缘毛；花冠淡红色。

毛打碗花生态照片

生态习性： 缠绕中生杂草，生于森林带和森林草原带的撂荒地、农田、路旁。

草地类： 农牧交错地带的温性典型草原、温性草甸草原。

发生地点： 全市范围内有不同程度发生。

危害方式： 缠绕。

（十）金虎尾目 Malpighiales

大戟科 Euphorbiaceae

大戟属 *Euphorbia*

乳浆大戟 *Euphorbia esula*

别名： 乳浆草、宽叶乳浆大戟、松叶乳汁大戟、东北大戟、岷县大戟、太鲁阁大戟、新疆大戟、华北大戟、猫眼草、猫眼睛、新月大戟、猫儿眼、烂疤眼。

形态特征： 多年生草本植物。根圆柱状；茎高达60cm，不育枝常发自基部；叶线形或卵形，长2～7cm，宽4.0～7.0mm，先端尖或钝尖，基部楔形或平截；

无叶柄；不育枝、叶常为松针状，长2～3cm，直径约1.0mm，无柄；花序单生于分枝顶端，无梗，总苞钟状，高约3.0mm，边缘5裂，裂片半圆形至三角形，边缘及内侧被毛，腺体4枚，新月形，两端具角，角长而尖或短钝，褐色；蒴果三棱状球形，长5.0～6.0mm，具3条纵沟，花柱宿存；种子卵圆形，长2.5～3.0mm，黄褐色；种阜盾状，无柄。

乳浆大戟生态照片

生态习性：生长于路旁、杂草丛、山坡、林下、河沟边、荒山、沙丘及草地；花果期4—10月。

草地类：温性典型草原、温性荒漠草原、温性草甸草原。

发生地点：内蒙古自治区乌兰察布市丰镇市、内蒙古自治区乌兰察布市兴和县。

危害方式：有毒。

（十一）锦葵目 Malvales

1. 瑞香科 Thymelaeaceae

狼毒属 *Stellera*

狼毒 *Stellera chamaejasme*

别名：馒头花、燕子花、拔萝卜、断肠草、红火柴头花、狗蹄子花、瑞香狼毒、棉大戟。

形态特征：多年生草本植物。高达50.0cm；根茎粗大，表面棕色，内面淡红色；茎丛生，不分枝，草质，圆柱形，绿色，有时带紫色，无毛；叶互生，稀对生或近轮生，披针形或椭圆状披针形，长1.2～2.8cm，宽3～9mm，先端渐尖或尖，基部圆，两面无毛，全缘，侧脉4～6对；叶柄长约1mm，基部具关节；头状花序顶生，具绿色叶状苞片；果圆锥状，长约5mm，顶端有灰白色柔毛，为萼筒基部包被；果皮淡紫色，膜质。

生态习性：生长于干燥向阳的高山草坡、草坪或河滩台地；海拔2 600～4 200m。

草地类：温性草甸草原、温性山地草甸、温性典型草原、温性荒漠草原。

发生地点：全市范围内有不同程度发生。

危害方式：有毒。

花

狼毒生态照片

2. 锦葵科 Malvaceae

木槿属 *Hibiscus*

野西瓜苗 *Hibiscus trionum*
别名：火炮草、黑芝麻、小秋葵、灯笼花、香铃草、和尚头。
形态特征：一年生草本植物。常平卧，稀直立；高20.0～70.0cm；茎柔软，被白色星状粗毛；茎下部叶圆形，不裂或稍浅裂，上部叶掌状，3～5深裂，直径3.0～6.0cm，中裂片较长，两侧裂片较短，裂片倒卵形或长圆形，常羽状全裂，上面近无毛或疏被粗硬毛，下面疏被星状粗刺毛；叶柄长2.0～4.0cm，被星状柔毛和长硬毛，托叶线形，长约7mm，被星状粗硬毛；花单生叶腋；花梗长1.0～2.5cm，被星状粗硬毛；小苞片12片，线形，长约8mm，被长硬毛，基部合生；花萼钟形，淡绿色，长1.0～2.0cm，裂片5片，膜质，三角形，具紫色纵条纹，被长硬毛或星状硬毛，中部以下合生；花冠淡黄色，内面基部紫色，直径2.0～3.0cm，花瓣5片，倒卵形，长约2.0cm，疏被柔毛；雄蕊柱长约5mm，花丝纤细，花药黄色；花柱5个分枝，无毛，柱头头状；蒴果长圆状球形，直径约1.0cm，被硬毛，果柄长达4.0cm，果皮薄，黑色；种子肾形，黑色，具腺状突起。
生态习性：生长在平原、山野、丘陵或田埂，是常见的田间杂草；花期7—10月。
草地类：温性典型草原、温性草甸草原。
发生地点：内蒙古自治区乌兰察布市四子王旗。
危害方式：外来入侵物种。

野西瓜苗生态照片

（十二）罂粟目 Rhoeadales

罂粟科 Papaveraceae

罂粟属 *Papaver*

野罂粟 *Papaver nudicaule*

别名：冰岛罂粟、山罂粟、冰岛虞美人、橘黄罂粟、山大烟、野大烟。

形态特征：多年生草本植物。高达60.0cm；根、茎粗短，常不分枝，密被残枯叶鞘；茎极短；叶基生，卵形或窄卵形，长3.0～8.0cm，羽状浅裂、深裂或全裂，裂片2～4对，小裂片窄卵形、披针形或长圆形，两面稍被白粉，被刚毛，稀近无毛；叶柄长（1.0～）5.0～12.0cm，基部鞘状，被刚毛；花葶1枝至数枝，被刚毛，花单生花葶顶端；花芽密被褐色刚毛；萼片2片，早落；花瓣4片，宽

野罂粟生态照片

楔形或倒卵形，长（1.5～）2.0～3.0cm，具浅波状圆齿及短爪，淡黄色、黄色或橙黄色，稀红色；花丝钻形；柱头4～8枚，辐射状；果窄倒卵圆形、倒卵圆形或倒卵状长圆形，长1.0～1.7cm，密被平伏刚毛，具4～8条肋；柱头盘状，具缺刻状圆齿；种子近肾形，褐色，具条纹及蜂窝小孔穴。

生态习性：花果期5—9月。

草地类：温性草甸草原、温性山地草甸、温性典型草原、温性荒漠草原。

发生地点：内蒙古自治区乌兰察布市察右中旗、内蒙古自治区乌兰察布市凉城县、内蒙古自治区乌兰察布市卓资县、内蒙古自治区乌兰察布市兴和县、内蒙古自治区乌兰察布市丰镇市。

危害方式：有毒。

（十三）禾本目 Poales

禾本科 Poaceae

燕麦属 *Avena*

野燕麦 *Avena fatua*
别名：燕麦草、乌麦、南燕麦。

形态特征：秆无毛，稀节部被毛，高0.4～1.0m，直径3～5mm，3～5节；须根粗壮，有时具砂套；叶鞘光滑或基部叶鞘被微毛；叶舌膜质，长1～5mm；叶片长10.0～30.0cm，宽0.4～1.2cm，微粗糙，或上面和边缘疏生柔毛；圆锥花序金字塔形，长10.0～25.0cm，分枝具棱角，粗糙；小穗具2～3朵小花，长1.8～2.5cm；小穗柄下垂，先端膨胀；小穗轴密生淡棕色或白色硬毛，节脆硬易断落，第1节间长约3mm；颖草质，几相等，长在2.5cm以下，9条脉；外稃坚硬，第1外稃长1.5～2.0cm，背面中部以下具淡棕色或白色硬毛，芒自稃体中部

野燕麦生态照片和标本照片

稍下处伸出，长 2.0～4.0cm，屈膝状，芒柱棕色，扭转，第 2 外稃有芒；颖果被淡棕色柔毛，腹面具纵沟，长 6～8mm。

生态习性：生长在农田边；海拔 1 950m；花果期4—9月。

草地类：温性草甸草原、温性典型草原。

发生地点：内蒙古自治区乌兰察布市卓资县。

危害方式：外来入侵物种。

（十四）捩花目 Contorae

萝藦科 Asclepiadaceae

鹅绒藤属 *Cynanchum*

地梢瓜 *Cynanchum thesioides*

别名：地梢花、女青、细叶白前、沙奶草、地瓜瓢、沙奶奶、老瓜瓢。

形态特征：草质或半灌木状藤本植物。茎柔弱，分枝较少，茎端通常伸长而缠绕，小枝被毛；叶对生或近对生，稀轮生，线形或线状披针形，稀宽披针形，长 3.0～10.0cm，宽 0.2～1.5（～2.3）cm，侧脉不明显，近无柄；聚伞花序伞状或短总状，有时顶生，小聚伞花序具 2 朵花；花梗长 0.2～1.0cm；花萼裂片披针形，长 1.0～2.5mm，被微柔毛及缘毛；花冠绿白色，常无毛，花冠筒长 1.0～1.5mm，裂片长 2.0～3.0mm；副花冠杯状，较花药短，顶端5裂，裂片三角状披针形，长及花药中部或高出花药隔膜片，基部内弯；花药顶端膜片直立，卵状三角形，花粉块长圆形；柱头扁平；蓇葖果卵球状纺锤形，长 5.0～6.0（～7.5）cm，直径 1.0～2.0cm；种子卵圆形，长 5.0～9.0mm，种毛长约 2.0cm。

生态习性：生长在水沟旁及河岸边，或山坡、路旁的灌木丛草地上；花期3—8月，果期8—10月。

地梢瓜生态照片

草地类：温性典型草原、温性荒漠草原。

发生地点：内蒙古自治区乌兰察布市兴和县、内蒙古自治区乌兰察布市卓资县、内蒙古自治区乌兰察布市丰镇市、内蒙古自治区乌兰察布市察右中旗。

危害方式：有毒。

（十五）石竹目 Caryophyllales

苋科 Amaranthaceae

苋属 *Amaranthus*

反枝苋 *Amaranthus retroflexus*

别名：西风谷、苋菜。

形态特征：一年生草本。高达1m；茎密被柔毛；叶菱状卵形或椭圆状卵形，长5.0～12.0cm，先端锐尖或尖凹，具小凸尖，基部楔形，全缘或波状，两面及边缘被柔毛，下面毛较密；叶柄长1.5～5.5cm，被柔毛；穗状圆锥花序直径2.0～4.0cm，顶生花穗较侧生者长；苞片钻形，长4.0～6.0mm；花被片长圆形或长圆状倒卵形，长2.0～2.5mm，薄膜质，中脉淡绿色，具凸尖；雄蕊稍长于花被片；胞果扁卵形，长约1.5mm，环状横裂，包在宿存花被片内；种子近球形，直径1.0mm。

生态习性：生长于田园内、农地旁；花期7—8月，果期8—9月。

草地类：温性荒漠草原、温性典型草原。

发生地点：全市范围内有不同程度发生。

危害方式：外来入侵物种。

反枝苋生态照片

二、裸子植物门 Gymnospermae

麻黄目 Ephedrales

麻黄科 Ephedraceae

麻黄属 *Ephedra*

草麻黄 *Ephedra sinica*

别名：麻黄、华麻黄。

形态特征：草本状灌木。高20.0～40.0cm；小枝直伸或微曲，细纵槽常不明显，节间长2.5～5.5cm，多为3.0～4.0cm，直径约2mm；叶2裂，裂片锐角三角形，先端急尖；雄球花多呈复穗状，常具总梗，苞片通常4对；雌球花单生，有梗，苞片4对，下部3对1/4～1/3合生，最上1对合生部分在1/2以上；雌花2朵，胚珠的珠被管长约1mm，直立或先端微弯；种子通常2颗，包于肉质红色苞片内，不露出，黑红色或灰褐色，三角状卵圆形或宽卵圆形，长5～6mm，表面有细皱纹。

生态习性：适应性强，常见于山坡、平原、干燥荒地、河床及草原等处，常形成大面积的单纯群落；花期5—6月，种子8—9月成熟。

草地类：温性荒漠草原、温性典型草原。

发生地点：内蒙古自治区乌兰察布市四子王旗。

危害方式：有毒。

草麻黄生态照片

第三节　病　　害

1.白刺叶斑病

病菌：蒺藜霜霉 *Peronospora tribulina*

病菌特征：叶面病斑轮廓不清，呈不规则形，初为黄绿色，后为黄色；霉层灰白色，密生于叶背。孢囊梗自气孔伸出，单枝或多枝，无色，（140.0～244.0）μm×（5.0～12.5）μm，平均176.3μm×8.9μm，基部稍膨大，主轴占全长的1/2～2/3，上部分叉3～5次，末枝直或稍弯，长4.5～25.5μm。孢子囊近球形，卵形，无色，（19.0～30.0）μm×（15.0～23.0）μm，平均22.1μm×17.8μm。

寄主：白刺。

草地类：温性典型草原。

发生地点：内蒙古自治区乌兰察布市商都县。

危害部位：全株。

发病率：17.15%。

蒺藜霜霉危害状况

2.瓣蕊唐松草白粉病

病菌：毛茛篓斗菜白粉菌 *Erysiphe aquilegiae* var. *ranunculi*

病菌特征：菌丝体大多生于叶的正背两面，少数生于叶面或叶背，亦生于叶柄和梗上，消失、近存留至存留，展生至形成薄而无定形的斑片。分生孢子大多柱形，少数桶柱形，（25.4～）27.9～38.1（～48.3）μm×（11.4～）12.7～17.5（～20.3）μm；子囊果散生至聚生，深褐色，扁球形，直径（73.0～）87.0～112.0

（～125.0）μm，壁细胞不规则多角形，直径（6.3～）7.5～18.8（～25.0）μm；附属丝（5～）12～30（～49）根，一般不分枝，大多弯曲，少数近直，常呈明显的曲折状或波状，有时近结节状，长度为子囊果直径的1～4（～5）倍，长（50.0～）120.0～350.0（～560.0）μm，上下等粗，有时略粗细不匀，宽（3.8～）5.0～7.5（～9.9）μm，壁薄，稍粗糙或平滑，有1～5（～10）个隔膜，褐色，向上渐淡，有的近无色；子囊（2～）4～8（～11）个，卵形、不规则卵形，少数广卵形至近球形，有短柄至近无柄，（40.6～）53.3～68.8（～80.0）μm×（26.5～）35.0～43.8（～56.3）μm；子囊孢子（2～）3～5（～6）个，卵椭圆形、长卵形，带黄色，（16.3～）18.8～23.8（～25.4）μm×（8.8～）10.2～12.7（～14.4）μm。

寄主：瓣蕊唐松草。

草地类：温性山地草甸。

发生地点：内蒙古自治区乌兰察布市察右中旗。

危害部位：全株。

发病率：50%。

毛茛楼斗菜白粉菌危害状况

3.苍耳叶斑病

病菌：苍耳轴霜霉 *Plasmopara angustiterminalis*

病菌特征：病斑生于叶上，界线清楚，为叶脉所限，多角形，初淡绿色，后期黄褐色，直径1～4mm；菌丛生于叶背，较密，白色。孢囊梗1～3枝，少数4～5枝从气孔伸出，高170.0～570.0μm，平均503.0μm，主轴长70.0～205.0μm，平均138.0μm，占全长的1/5～1/3，粗5.0～11.6μm，平均7.7μm，上部单轴分枝4～6次，末枝圆锥形，长1.7～8.3μm，平均4.8μm，常3枝，有时

苍耳轴霜霉危害状况

2枝或4枝簇生，顶端平截。孢子囊近圆形或椭圆形，具乳突，基部有短柄，无色，长13.0～30.0μm，平均19.3μm，宽11.6～18.3μm，平均15.0μm，长宽比值为1.29。

寄主： 苍耳。

草地类： 温性典型草原、温性荒漠草原。

发生地点： 内蒙古自治区乌兰察布市四子王旗。

危害部位： 全株。

发病率： 14.29%。

4.草木樨白粉病

病菌： 豌豆白粉菌 *Erysiphe pisi*

病菌特征： 菌丝体生于叶的两面，大多数情况下存留并形成无定形的白色斑片，常覆满全叶，个别情况下近消失至消失。分生孢子桶柱形至近柱形，（22.9～）25.4～38.1（～43.2）μm×（11.4～）12.7～17.8（～18.3）μm；子囊果聚生至近散生，暗褐色，扁球形，直径（75.0～）92.0～120.0（～130.0）μm，个别达150.0μm，壁细胞不规则多角形，直径（5.1～）7.1～20.3（～25.4）μm；附属丝（7～）12～34（～59）根，大多不分枝，少数不规则地叉状分枝1～2次，曲折状至扭曲状，个别屈膝状，长度为子囊果直径的（0.5～）1.0～3.0（～5.0）倍，长（45.0～）95.0～420.0（～582.0）μm，局部粗细不匀或向上稍渐细，宽（4.6～）5.6～8.9（～10.2）μm，壁薄，平滑至稍粗糙，有0～3（～5）个隔膜，成熟时一般下半部褐色，上半部淡褐色至近无色，有时全长淡褐色或完全无色；子囊（3～）5～9（～13）个，卵形、近卵形，少数近球形或其他不规则形状，一般有短柄，少数近无柄至无柄，（43.2～）55.9～76.2（～86.4）μm×（30.5～）35.6～43.2（～48.3）μm；子囊孢子（2～）3～5（～6）个，卵形、矩圆状卵形，带黄色，（17.8～）20.3～25.4（～27.9）μm×（11.4～）12.7～15.2（～16.4）μm。

豌豆白粉菌危害状况

寄主：草木樨。

草地类：温性典型草原。

发生地点：内蒙古自治区乌兰察布市丰镇市、内蒙古自治区乌兰察布市凉城县、内蒙古自治区乌兰察布市卓资县。

危害部位：叶部。

发病率：30.51%。

5.草木樨状黄芪白粉病

病菌：豌豆白粉菌 *Erysiphe pisi*

病菌特征：菌丝体生于叶的两面，大多数情况下存留并形成无定形的白色斑片，常覆满全叶，个别情况下近消失至消失。分生孢子桶柱形至近柱形，(22.9～) 25.4～38.1 (～43.2) μm× (11.4～) 12.7～17.8 (～18.3) μm；子囊果聚生至近散生，暗褐色，扁球形，直径 (75.0～) 92.0～120.0 (～130.0) μm，个别达150.0μm，壁细胞不规则多角形，直径 (5.1～) 7.1～20.3 (～25.4) μm；附属丝 (7～) 12～34 (～59) 根，大多不分枝，少数不规则地叉状分枝1～2次，曲折状至扭曲状，个别屈膝状，长度为子囊果直径的 (0.5～) 1.0～3.0 (～5.0) 倍，长 (45.0～) 95.0～420.0 (～582.0) μm，局部粗细不匀或向上稍渐细，宽 (4.6～) 5.6～8.9 (～10.2) μm，壁薄，平滑至稍粗糙，有0～3 (～5) 个隔膜，成熟时一般下半部褐色，上半部淡褐色至近无色，有时全长淡褐色或完全无色；子囊 (3～) 5～9 (～13) 个，卵形、近卵形，少数近球形或其他不规则形状，一般有短柄，少数近无柄至无柄，(43.2～) 55.9～76.2 (～86.4) μm× (30.5～) 35.6～43.2 (～48.3) μm；子囊孢子 (2～) 3～5 (～6) 个，卵形、矩圆状卵形，带黄色，(17.8～) 20.3～25.4 (～27.9) μm× (11.4～) 12.7～15.2 (～16.4) μm。

豌豆白粉菌危害状况

寄主：草木樨状黄芪。

草地类：温性典型草原。

发生地点：内蒙古自治区乌兰察布市卓资县。

危害部位：全株。

发病率：43.59%。

6.车前白粉病

病菌：污色白粉菌 *Erysiphe sordida*

病菌特征：菌丝体生于叶的两面，存留，形成白色或污白色的近圆形斑片，常互相愈合，有时近消失。分生孢子桶柱形至近柱形，22.9～35.6（～41.3）μm×12.5～17.8（～19.1）μm；子囊果聚生或近聚生，暗褐色，扁球形，直径（85.0～）93.0～130.0（～140.0）μm，壁细胞不规则多角形，直径6.3～20.3μm；附属丝（9～）16～32（～52）根，大多不分枝，少数不规则地分枝1～2次，弯曲至扭曲，常互相缠绕，长度为子囊果直径的0.5～1.3(～1.8)倍，长（31.0～）63.0～156.0（～206.0）μm，粗细不匀或上下近等粗，宽（3.8～）5.0～7.6（～9.6）μm，平滑至微糙，有0～3个隔膜，褐色至深褐色，自1/2处向上渐淡；子囊（5～）9～14（～21）个，近卵形或不规则形状，有较明显的柄至短柄，少数无柄，（43.8～）50.8～63.5（～71.3）μm×（27.5～）30.5～40.6（～45.0）μm；子囊孢子2（～4）个，卵形、矩圆状卵形，带黄色，（17.5～）18.8～25.4（～30.5）μm×（11.3～）12.7～16.3（～18.8）μm。

寄主：车前。

草地类：温性典型草原、温性荒漠草原。

发生地点：全市范围内有不同程度发生。

污色白粉菌危害状况

危害部位：全株。
发病率：36.58%。

7.车前叶斑病

病菌：车前霜霉 *Peronospora alta*
病菌特征：叶和叶柄受害，叶面病斑初呈黄绿色斑点，扩大后，全叶变黄褐色，卷褶；叶背霉层灰色。孢囊梗自气孔伸出，单枝或多枝，无色，（369.0～753.0）μm×（8.5～14.2）μm，平均574.0μm×10.5μm，主轴占全长1/2～3/4，基部膨大，上部叉状分枝3～8次，末枝弯曲，（8.5～28.4）μm×（2.8～5.7）μm，平均14.7μm×3.9μm。孢子囊椭圆形、卵形或球形，淡褐色，（27.0～44.0）μm×（18.0～28.0）μm，平均35.6μm×24.0μm，长宽比值为1.48。藏卵器淡黄色。卵

车前霜霉危害状况

孢子较少，生于叶片组织中，球形，淡黄色，直径22.0～34.0μm，平均31.9μm，壁平滑。

　　寄主：车前。
　　草地类：温性典型草原。
　　发生地点：全市范围内有不同程度发生。
　　危害部位：全株。
　　发病率：28.13%。

8.兴安胡枝子白粉病

　　病菌：胡枝子白粉菌 *Erysiphe glycines* var. *lespedezae*

　　病菌特征：菌丝体生于叶的两面，消失至近存留。分生孢子桶柱形、近柱形，22.9～35.6（～43.2）μm×12.7～17.8（～18.8）μm；子囊果散生至近聚生，暗褐色，扁球形，直径89.0～120.0（～130.0）μm，壁细胞不规则多角形，直径5.1～19.1μm；附属丝（8～）14～42（～52）根，一般不分枝，少数不规则分枝1次，近直、曲折状至扭曲状，长度为子囊果直径的（0.5～）1.5～3.5（～4.5）倍，长（35.0～）140.0～425.0（～500.0）μm，上下近等粗，或局部粗细不匀，宽3.8～6.3（～7.6）μm，壁薄，平滑或稍粗糙，有0～5个隔膜，一般无色，个别基部淡褐色至淡黄色；子囊（5～）6～11（～14）个，近卵形、广卵形至其他不规则形状，有短柄、近无柄到无柄，（48.3～）55.9～68.6（～79.0）μm×（30.5～）33.0～43.5（～45.7）μm；子囊孢子6～7（～8）个，卵形、矩圆状卵形，带黄色，（15.7～）16.4～20.3（～22.9）μm×（10.6～）11.4～13.9（～15.7）μm。

　　寄主：兴安胡枝子。
　　草地类：温性典型草原。

胡枝子白粉菌危害状况

发生地点：内蒙古自治区乌兰察布市凉城县、内蒙古自治区乌兰察布市卓资县。

危害部位：全株。

发病率：75%。

9.地榆叶斑病

病菌：地榆叶点霉 *Phyllosticta sanguisorbae*

病菌特征：病斑生于叶上，圆形、不规则形，中央褐色，边缘暗褐色，直径1～5mm，上生小黑点（分生孢子器）。分生孢子器生于叶面，散生，初埋生，后突破表皮，孔口外露，球形，直径80～130μm，高50～110μm；器壁膜质，褐色，由数层细胞组成，壁厚5～8μm，内壁无色，形成产孢细胞，上生分生孢子；孔口圆形，胞壁加厚，暗褐色，居中；产孢细胞瓶形，单胞，无色，（3～6）μm×（1～2）μm；分生孢子卵形、椭圆形，两端圆，单胞，无色，（5～7）μm×（2～3）μm。

寄主：地榆。

草地类：温性典型草原。

发生地点：内蒙古自治区乌兰察布市兴和县。

危害部位：全株。

发病率：47.06%。

地榆叶点霉危害状况

10.委陵菜锈病

病菌：委陵菜多胞锈菌 *Phragmidium potentillae*

病菌特征：性孢子器生于叶两面，多数在叶上面，少，不明显，被春孢子器包围，直径100.0～150.0μm，蜜黄色。春孢子器为裸春孢子器型，生于叶两面，多数在叶下面，散生或聚生，圆形，直径0.5～1.0mm或更大，沿叶脉互相愈合呈长条形，裸露，粉状，新鲜时橙黄色，干时淡黄色；侧丝周生，棍棒形或长圆柱形，长35.0～75.0（～125.0）μm，宽7.0～20.0μm，直或向内弯曲，壁厚不及1.0μm，无色。春孢子近球形、宽椭圆形或宽倒卵形，（20.0～30.0）μm×（15.0～23.0）μm，壁厚1.5～2.0μm，表面疏生细疣，无色，新鲜时内容物橙黄色，芽孔不清楚。夏孢子堆生于叶下面，散生或聚生，圆形，直径0.2～1.0mm，裸露，粉状，新鲜时橙黄色，干时淡黄色；侧丝周生，与春孢子器侧丝相似；夏孢子近球形、宽椭圆形或宽倒卵形，（18.0～25.0）μm×（15.0～21.0）μm，壁厚1.5～2.0μm，表面疏生钝刺，无色，新鲜时内容物橙黄色，芽孔不清楚。冬孢子堆生于叶下面或叶柄上，圆形，直径0.5～1.0mm，散生或不规则聚生，常布满全叶并互相愈合，裸露，隆起，稍粉状，黑色；冬孢子圆柱形，（25.0～）40.0～88.0μm×23.0～30.0μm，1～6（～8）个细胞，通常4个或5个，顶端圆、钝、略尖或有时具短乳突，隔膜处不缢缩或略缢缩，壁厚3.0～4.0μm，顶壁略增厚（5.0～7.5μm），表面光滑，栗褐色至暗褐色，顶端有时淡色或近无色，每个细胞有2个或3个芽孔，柄长50.0～160.0（～220.0）μm，宽7.0～15.0μm，下部粗糙，不膨大或略膨大，无色，不脱落。

寄主：委陵菜。

草地类：温性典型草原。

发生地点：内蒙古自治区乌兰察布市卓资县、内蒙古自治区乌兰察布市察右前旗。

危害部位：叶部。

发病率：36.67%。

委陵菜多胞锈菌危害状况

11.委陵菜叶斑病

病菌：草莓色链隔孢 *Phaeoramularia vexans*

病菌特征：斑点生于叶两面，圆形至不规则形，宽1.0～5.0mm，常多斑愈合，叶面斑点褐色或中央白色、灰白色至浅黄褐色，边缘褐色至红褐色，具黄褐色至红色晕，叶背斑点不明显或浅黄褐色至灰褐色。子实体主要生于叶面；菌丝体内生；子座气孔下生，近球形，暗褐色，直径20.0～40.0（～50.0）μm。分生孢子梗稀疏至紧密簇生，中度灰褐色，向顶色泽变浅且变窄，直立至稍弯曲，不分枝，稀少屈膝状折点，顶部圆形至圆锥形，0～3个隔膜，（15.0～86.5）μm×（3.0～4.0）μm。孢痕疤小而明显，宽1.5～2.0μm，坐落于圆锥形顶部及折点处。分生孢子链生且具分枝的链，圆柱形，稀少倒棍棒形，近无色，直立至稍弯曲，0～3个隔膜，多数0～1个隔膜，（8.5～30.0）μm×（2.0～3.5）μm。

寄主：蕨麻、二裂委陵菜、委陵菜。

草地类：温性山地草甸、温性典型草原。

发生地点：内蒙古自治区乌兰察布市察右中旗、内蒙古自治区乌兰察布市卓资县、内蒙古自治区乌兰察布市丰镇市、内蒙古自治区乌兰察布市凉城县、内蒙古自治区乌兰察布市兴和县、内蒙古自治区乌兰察布市察右前旗。

危害部位：全株。

发病率：31.60%。

草莓色链隔孢危害状况

12.星毛委陵菜锈病

病菌：委陵菜多胞锈菌 *Phragmidium potentillae*

病菌特征：性孢子器生于叶两面，多数在叶上面，少，不明显，被春孢子器包围，直径100.0～150.0μm，蜜黄色。春孢子器为裸春孢子器型，生于叶两面，多数在叶下面，散生或聚生，圆形，直径0.5～1.0mm或更大，沿叶脉互相愈合呈长条形，裸露，粉状，新鲜时橙黄色，干时淡黄色；侧丝周生，棍棒形或长圆柱形，长35.0～75.0（～125.0）μm，宽7.0～20.0μm，直或向内弯曲，壁厚不及1.0μm，无色。春孢子近球形、宽椭圆形或宽倒卵形，（20.0～30.0）μm×（15.0～23.0）μm，壁厚1.5～2.0μm，表面疏生细疣，无色，新鲜时内容物橙黄色，芽孔不清楚。夏孢子堆生于叶下面，散生或聚生，圆形，直径0.2～1.0mm，裸露，粉状，新鲜时橙黄色，干时淡黄色；侧丝周生，与春孢子器侧丝相似；夏孢子近球形、宽椭圆形或宽倒卵形，（18.0～25.0）μm×（15.0～21.0）μm，壁厚1.5～2.0μm，表面疏生钝刺，无色，新鲜时内容物橙黄色，芽孔不清楚。冬孢子堆生于叶下面或叶柄上，圆形，直径0.5～1.0mm，散生或不规则聚生，常布满全叶并互相愈合，裸露，隆起，稍粉状，黑色；冬孢子圆柱形，（25.0～）40.0～88.0μm×23.0～30.0μm，1～6（～8）个细胞，通常4个或5个，顶端圆、钝、略尖或有时具短乳突，隔膜处不缢缩或略缢缩，壁厚3.0～4.0μm，顶壁略增厚（5.0～7.5μm），表面光滑，栗褐色至暗褐色，顶端有时淡色或近无色，每个细胞有2个或3个芽孔，柄长50.0～160.0（～220.0）μm，宽7.0～15.0μm，下部粗糙，不膨大或略膨大，无色，不脱落。

寄主：星毛委陵菜。

草地类：温性典型草原。

发生地点：内蒙古自治区乌兰察布市商都县。

危害部位：全株。

发病率：30%。

委陵菜多胞锈菌危害状况

13.多裂委陵菜锈病

病菌： 委陵菜多胞锈菌 *Phragmidium potentillae*

病菌特征： 性孢子器生于叶两面，多数在叶上面，少，不明显，被春孢子器包围，直径100.0～150.0μm，蜜黄色。春孢子器为裸春孢子器型，生于叶两面，多数在叶下面，散生或聚生，圆形，直径0.5～1.0mm或更大，沿叶脉互相愈合呈长条形，裸露，粉状，新鲜时橙黄色，干时淡黄色；侧丝周生，棍棒形或长圆柱形，长35.0～75.0（～125.0）μm，宽7.0～20.0μm，直或向内弯曲，壁厚不及1.0μm，无色。春孢子近球形、宽椭圆形或宽倒卵形，（20.0～30.0）μm×（15.0～23.0）μm，壁厚1.5～2.0μm，表面疏生细疣，无色，新鲜时内容物橙黄色，芽孔不清楚。夏孢子堆生于叶下面，散生或聚生，圆形，直径0.2～1.0mm，裸露，粉状，新鲜时橙黄色，干时淡黄色；侧丝周生，与春孢子器侧丝相似；夏孢子近球形、宽椭圆形或宽倒卵形，（18.0～25.0）μm×（15.0～21.0）μm，壁厚1.5～2.0μm，表面疏生钝刺，无色，新鲜时内容物橙黄色，芽孔不清楚。冬孢子堆生于叶下面或叶柄上，圆形，直径0.5～1.0mm，散生或不规则聚生，常布满全叶并互相愈合，裸露，隆起，稍粉状，黑色；冬孢子圆柱形，（25.0～）40.0～88.0μm×23.0～30.0μm，1～6（～8）个细胞，通常4个或5个，顶端圆、钝、略尖或有时具短乳突，隔膜处不缢缩或略缢缩，壁厚3.0～4.0μm，顶壁略增厚（5.0～7.5μm），表面光滑，栗褐色至暗褐色，顶端有时淡色或近无色，每个细胞有2个或3个芽孔，柄长50.0～160.0（～220.0）μm，宽7.0～15.0μm，下部粗糙，不膨大或略膨大，无色，不脱落。

寄主： 多裂委陵菜。

草地类： 温性典型草原。

发生地点： 内蒙古自治区乌兰察布市卓资县。

危害部位： 全株。

发病率： 40%。

委陵菜多胞锈菌危害状况

14. 二裂委陵菜叶斑病

病菌：羽衣草单囊壳 *Sphaerotheca aphanis*

病菌特征：菌丝体生于叶的两面、叶柄、嫩枝和果实上，消失，展生。分生孢子圆桶形、腰鼓形，成串，无色，18.0 ～ 30.0（～ 36.0）μm×12.0 ～ 18.0（～ 21.0）μm；子囊果生叶上者散生或稍聚生，生叶柄和茎上者稀聚生，球形、近球形，褐色、暗褐色，直径60.0 ～ 93.0（～ 114.0）μm，生龙芽草上的个体较大，75.3 ～ 105.3（～ 114.0）μm，壁细胞不规则多角形，大小差异很大，直径4.5 ～ 24.0（～ 30.0）μm；附属丝3.0 ～ 13.0（～ 18.0）根，丝状，弯曲，屈膝状，长度为子囊果直径的（0.2 ～）0.5 ～ 5.0（～ 8.0）倍，基部稍粗，表面平滑，有0 ～ 5个隔膜，全长褐色或下部一半褐色，有的仅顶部无色；子囊1个，宽椭圆形、椭圆形，无色，（53.0 ～）60.0 ～ 90.0（～ 99.0）μm×45.0 ～ 75.0（～ 84.0）μm；子囊孢子8个，罕见6个，椭圆形、长椭圆形，有油点1 ～ 3个，多数2个，此外还有颗粒状内含物，无色，15.0 ～ 24.0（～ 33.0）μm×（9.0 ～）10.5 ～ 15.0（～ 20.0）μm。

寄主：二裂委陵菜。

草地类：温性典型草原。

发生地点：内蒙古自治区乌兰察布市化德县。

危害部位：全株。

发病率：40%。

羽衣草单囊壳危害状况

15. 白萼委陵菜褐斑病

病菌：委陵菜尾孢 *Cercospora potentillae*

病菌特征：斑点生于叶的正背两面，近圆形、多角形至不规则形，宽1.5 ～ 6.0mm，叶面斑点中央灰白色至浅褐色，边缘暗褐色，具黄褐色晕或全斑呈褐色至红褐色；无明显边缘，叶背斑点淡褐色、褐色至灰褐色。子实体生于叶两面；子座无或仅由少数褐色球形细胞组成。分生孢子梗单生至 2 ～ 14 根簇生，中度褐色至褐色，向顶色泽变浅，宽度不规则，直立或弯曲，分枝，0 ～ 6 个屈膝状折点，顶部圆锥形平截、近平截至平截，3 ～ 10 个隔膜，（42.5 ～ 227.0）μm×（3.8 ～ 5.5）μm；孢痕疤明显加厚，宽 1.9 ～ 2.5μm；分生孢子针形，无色，直立或弯曲，顶部尖细，基部平截，有不明显的多个隔膜，（50.0 ～ 175.0）μm×（2.5 ～ 5.0）μm。

寄主：白萼委陵菜。

草地类：温性典型草原。

发生地点：内蒙古自治区乌兰察布市卓资县。

危害部位：全株。

发病率：34.13%。

委陵菜尾孢危害状况

16.二色补血草真菌病害

病菌：白花丹尾孢 *Cercospora plumbaginea*

病菌特征：斑点生于叶的正背两面，圆形至椭圆形，长 2.0 ～ 4.0mm，叶面斑点中央灰褐色至暗褐色，边缘浅褐色，扩散状，最外层围有隆起的褐色细线圈。子实体生于叶两面；子座小，不规则形，褐色，直径达 40.0μm。分生孢子梗 2 ～ 12 根簇生，扩散型，浅青黄褐色至浅褐色，向顶色泽变浅，近无色，宽度不规则，向顶变窄，直立或弯曲，不分枝，0 ～ 1 个屈膝状折点，顶部近平截，0 ～ 2 个隔膜，（10.0 ～ 70.0）μm×（4.0 ～ 6.0）μm；孢痕疤明显加厚，宽 1.7 ～ 2.9μm；分生孢子针形至倒棍棒形，小孢子近柱形，无色，直立或稍弯曲，顶部近钝，基部倒圆锥形平截至平截，有不明显的多个隔膜，（20.0 ～ 100.0）μm×（3.0 ～ 4.0）μm。

寄主：二色补血草。

白花丹尾孢危害状况

草地类：温性典型草原。

发生地点：内蒙古自治区乌兰察布市四子王旗。

危害部位：全株。

发病率：38.57%。

17.狗尾草叶斑病

病菌：厚叶叶点霉 *Phyllosticta crastophila*

病菌特征：病斑生于叶上，狭长梭形，灰色、灰褐色，边缘红褐色，长2～7mm或更长，宽2～4mm，上生小黑点（分生孢子器）。分生孢子器生于叶面，散生，初埋生，后突破表皮，孔口外露，球形、扁球形，直径65.0～105.0μm，高45.0～70.0μm；器壁膜质，褐色，由数层细胞组成，壁厚5.0～10.0μm，内壁无色，形成产孢细胞，上生分生孢子；孔口圆形，胞壁加厚，暗褐色，居中；

厚叶叶点霉危害状况

产孢细胞瓶形、筒形，单胞，无色，（5.0～8.0）μm×（1.5～2.5）μm；分生孢子卵形、圆筒形，两端圆，无色；个别孢子呈纺锤形，多数孢子内含2个油球。

寄主：狗尾草。

草地类：温性典型草原。

发生地点：全市范围内有不同程度发生。

危害部位：叶部。

发病率：41.39%。

18.胡枝子锈病

病菌：平铺胡枝子单胞锈菌 *Uromyces lespedezae-procumbentis*

病菌特征：性孢子器生于叶面，橙黄色，后转为褐色或黑色，直径75.0～105.0μm。春孢子器生于叶背面，2～6个成丛，杯状，包被白色，膜细胞（15.0～24.0）μm×（12.0～20.0）μm，外向壁厚4.0～8.0μm，内向壁薄；春孢子卵圆形或广椭圆形，有细瘤，黄色，（18.0～24.0）μm×（15.0～18.0）μm。夏孢子多堆生于叶背，裸露，外围有表皮碎片，直径0.24～0.32mm，淡褐色至肉桂色；夏孢子球形或卵形，有刺，黄色，（18.0～24.0）μm×（13.0～18.0）μm，壁厚1.5μm，有芽孔3～5个；侧丝生于孢子堆的周围，淡黄色，棍棒形，平滑，长45.0～60.0μm，宽10.0～14.0μm，厚壁。冬孢子堆生于叶的两面，裸露，外围有表皮碎片，黑褐色或黑色，直径0.25～0.80mm，有侧丝如夏孢子堆；冬孢子卵形至椭圆形以至棍棒形，黄褐色至褐色，平滑，（22.0～32.0）μm×（12.0～18.0）μm，顶端圆形、尖突或平切状，厚10.0～15.0μm，基部狭窄；柄无色，顶端淡褐色，长达60.0μm。

寄主：兴安胡枝子、胡枝子。

草地类：温性典型草原。

发生地点：内蒙古自治区乌兰察布市卓资县、内蒙古自治区乌兰察布市察右

平铺胡枝子单胞锈菌危害状况

前旗。

危害部位：全株。

发病率：28.5%。

19.胡枝子叶斑病

病菌：胡枝子假尾孢 *Pseudocercospora latens*

病菌特征：病斑生于叶的正背两面，近圆形至不规则形，直径2.0 ～ 8.0mm，叶面斑点褐色至暗褐色，叶背斑点灰色至浅褐色。子实体生于叶背；菌丝体内生；子座球形，褐色至暗褐色，直径25.0 ～ 60.0μm。分生孢子梗紧密簇生，青黄色至浅青黄褐色，色泽均匀，宽度不规则，直立或稍弯曲，不分枝，无屈膝状折点，顶部圆形至圆锥形，无隔膜，（4.0 ～ 30.0）μm×（3.0 ～ 5.0）μm；分生孢子圆柱形至倒棍棒形，近无色，直立或稍弯曲，顶部近尖细至钝，基部倒圆锥形平截至平截，3 ～ 13 个隔膜，不明显，（40.0 ～ 120.0）μm×（2.5 ～ 4.8）μm。

寄主：胡枝子。

草地类：温性典型草原。

发生地点：内蒙古自治区乌兰察布市察右后旗。

危害部位：叶部。

发病率：20%。

胡枝子假尾孢危害状况

20.金露梅真菌病害

病菌：安德森多胞锈菌 *Phragmidium andersoni*

病菌特征：春孢子器为裸春孢子器型，生于叶下面，散生或聚生，圆形，直径0.2 ～ 1.0mm或更大，裸露，粉状，新鲜时橙黄色；侧丝周生，与夏孢子堆侧丝相似；春孢子近球形或宽椭圆形，大小近似于夏孢子，壁1.5～2.0μm厚，表面有粗疣，无色，新鲜时内容物橙黄色，芽孔不清楚。夏孢子堆生于叶下面，散生或聚生，圆形，直径0.2～1.0mm，裸露，粉状，新鲜时橙黄色；侧丝周生，棍棒形，长25.0～60.0μm，宽7.0～13.0μm，向内弯曲，腹部壁厚1.0～1.5μm，背部和顶部壁增厚（2.5～5.0μm），无色；夏孢子近球形或宽椭圆形，（17.0～25.0）μm×（15.0～21.0）μm，壁厚1.5～2.0μm，表面密生细疣，无色，新鲜时内容物橙黄色，芽孔不清楚，5～8个，芽孔处的壁略增厚并在孢子表面呈半球形隆起。冬孢子堆生于叶下面，圆形或椭圆形，直径0.2～1.0mm，散生或不规则聚生，裸露，粉状，黑色；冬孢子圆柱形，（38.0～75.0）μm×（27.0～33.0）μm，2～5个细胞，通常4个，顶端圆，隔膜处不缢缩或略缢缩，壁厚4.0～6.0μm，黑褐色，几乎不透明，顶端具淡褐色或无色小乳突（高2.5～4.0μm），表面密生无色不规则粗疣，每个细胞有2个或3个芽孔，柄长85.0～115.0μm，下部粗糙，膨大，宽18.0～22.0μm，近孢子处淡褐色，向下渐变无色，不脱落。

寄主：金露梅。

草地类：温性典型草原。

发生地点：内蒙古自治区乌兰察布市凉城县、内蒙古自治区乌兰察布市兴和县。

危害部位：全株。

发病率：41.16%。

安德森多胞锈菌危害状况

21.菊白粉病

病菌：菊科白粉菌 *Erysiphe cichoracearum*

病菌特征：菌丝体一般生于叶的两面，少数生于叶背，消失至近存留，少数存留，如存留则展生至形成薄而边缘不明显的无定形斑片。分生孢子桶柱形或近柱形，（20.0～）22.9～35.6（～40.6）μm×（11.3～）13.9～17.8（～20.3）μm；子囊果聚生至近散生，暗褐色，扁球形，直径（80.0～）90.0～130.0μm，个别情况下可达160.0μm，壁细胞不规则多角形，直径（5.1～）7.6～18.8（～22.9）μm；附属丝（11～）18～40（～85）根，一般不分枝，少数不规则地分枝1次，至多2次，大多弯曲，常呈曲折状或扭曲状，往往互相缠结，长度为子囊果直径的0.5～2.5（～4.5）倍，长38.0～310.0（～480.0）μm，大多粗细不匀，少数上下近等粗或向上稍渐细，宽3.8～8.8（～10.2）μm，壁薄，平滑或稍粗糙，有1～8（～12）个隔膜，在隔膜处不缢缩或稍缢缩，一般深褐色，少数淡褐色；子囊（5～）10～20（～24）个，卵形、矩圆状椭圆形、不规则形状，一般有明显的柄，少数近无柄，个别无柄，（47.5～）55.0～81.3（～92.5）μm×（25.0～）30.5～43.2（～48.8）μm；子囊孢子2（～3）个，极少数情况下4个，卵形、矩圆状卵形、带黄色，（17.5～）20.3～27.9（～33.8）μm×（11.3～）14.7～17.8（～20.0）μm。

寄主：菊科植物。

草地类：温性典型草原。

发生地点：内蒙古自治区乌兰察布市丰镇市、内蒙古自治区乌兰察布市凉城县。

危害部位：全株。

发病率：35%。

菊科白粉菌危害状况

22.窄叶蓝盆花真菌病害

病菌：瑙梯白粉菌 *Erysiphe knautiae*

病菌特征：菌丝体生于叶的两面，近存留至近消失。分生孢子近柱形，（22.9～35.6）μm×（12.7～17.8）μm；子囊果聚生至散生，常沿着叶脉分布，暗褐色，扁球形，直径（70.0～）80.0～95.0（～115.0）μm，壁细胞不规则多角形，直径6.3～20.0（～27.9）μm；附属丝（1～）7～12（～16）根，自子囊果下部发生，一般不分枝，个别分枝1次，弯曲至扭曲状，长度为子囊果直径的（0.5～）1.0～1.5（～2.0）倍，长（28.0～）65.0～150.0（～215.0）μm，较粗壮，粗细不匀，或上部较细，下部稍宽，宽（5.1～）7.1～10.2μm，壁薄，平滑至微糙，有0～3个隔膜，浅褐色至近无色，往往下半部有色，向上渐淡，顶部近无色；子囊（2～）3～6（～7）个，卵形、近球形或其他不规则形状，有短柄到近无柄，（41.3～）50.0～63.5（～71.1）μm×（30.5～）33.8～43.2（～50.8）μm；子囊孢子2～5个，卵形、矩圆状卵形，带黄色，（17.8～）20.3～25.4μm×（12.7～）13.9～16.4μm。

寄主：窄叶蓝盆花。

草地类：温性山地草甸、温性典型草原。

发生地点：内蒙古自治区乌兰察布市察右中旗。

危害部位：叶部。

发病率：25.42%。

瑙梯白粉菌危害状况

23.藜真菌病害

病菌：粉霜霉 *Peronospora farinosa*

病菌特征：多局部侵染寄主叶片或花序，叶部病斑界限不清，黄绿色至黄白色，在部分寄主上病斑外围具胭脂红色反应圈，病叶有时增厚，受害花序症状不明显，花器多萎缩，亦有寄主受系统侵染，生长点和嫩叶往往肥肿变形；叶背霉层厚而密，初呈蓝紫色，后变灰紫色以至灰黄色。孢囊梗自气孔伸出，多3～5丛生，（200～500）μm×（8～12）μm；孢子囊卵形、椭圆形或近球形，直径多为 25μm × 19μm，长宽比值为 1.3；卵孢子多生在病叶中，球形，黄褐色，直径多为 35 ～ 38μm，壁平滑或有皱纹。

寄主： 藜。

草地类： 温性荒漠草原、温性典型草原。

发生地点： 内蒙古自治区乌兰察布市丰镇市、内蒙古自治区乌兰察布市四子王旗、内蒙古自治区乌兰察布市商都县。

危害部位： 叶部。

发病率： 21.70%。

粉霜霉危害状况

24.麻花头锈病

病菌： 山柳菊柄锈菌 *Puccinia hieracii*

病菌特征： 性孢子器生于叶两面，通常在中脉或其他叶脉上，聚生在春孢子器间，蜜黄色。春孢子器为夏型春孢子器（初生夏孢子堆），生于叶两面增厚变形的叶斑上，通常在中脉或其他叶脉上，常汇合成大堆块，裸露，粉状，肉桂褐色；春孢子形似夏孢子。夏孢子堆生于叶两面，散生，圆形或近圆形，直径 0.2 ～ 0.5mm，肉桂褐色，粉状；夏孢子近球形或椭圆形，（22.0 ～）25.0 ～ 29.0（～ 32.0）μm ×（18.0 ～）20.0 ～ 25.0（～ 29.0）μm，壁厚 1.5 ～ 2.0μm，肉桂褐色，有刺，芽孔 2 ～ 3 个，生于腰上或靠近顶端。冬孢子堆生于叶两面，裸露，有破裂的表皮围绕，散生，圆形或近圆形，直径 0.2 ～ 0.6mm，粉状，栗褐色；冬孢子椭圆形或宽椭圆形，（25.0 ～）29.0 ～ 40.0（～ 45.0）μm ×（18.0 ～）21.0 ～ 25.0（～ 29.0）μm，两端圆或基部渐狭，隔膜处不缢缩或稍缢缩，壁厚 1.5 ～ 2.5μm，顶壁不增厚，肉桂褐色，有细疣，上细胞芽孔生于顶或稍下，下细胞芽孔稍离隔膜或在中部，柄无色，易在近孢子处断裂。

山柳菊柄锈菌危害状况

寄主：麻花头。

草地类：温性典型草原。

发生地点：内蒙古自治区乌兰察布市卓资县。

危害部位：叶部。

发病率：30%。

25.披针叶野决明白粉病

病菌：黄华白粉菌 *Erysiphe thermopsidis*

病菌特征：菌丝体生于叶的两面，近存留至存留，形成无定形的白色斑片。分生孢子近柱形，(25.4 ~ 35.6) μm×(12.7 ~ 17.8) μm；子囊果近聚生至聚生，暗褐色，扁球形，直径85.0 ~ 112.0μm，壁细胞不规则多角形，直径6.3 ~ 19.1μm；附属丝12 ~ 28（~ 33）根，自子囊果下半部发生，不分枝，常反曲，较少近直，个别近屈膝状，往往在不同的子囊果上长度不等，在同一子囊果上长度大致相等，长度为子囊果直径的0.3 ~ 1.0（~ 2.0）倍，长（27.0 ~）42.0 ~ 125.0（~ 211.0）μm，一般上下近等粗，但顶端变细，或向上稍渐细，宽5.1 ~ 7.6（~ 9.1）μm，顶端钝尖或钝圆，壁薄，全长粗糙，有0 ~ 1（~ 2）个隔膜，无色或淡黄色，个别在基部淡褐色；子囊（4 ~）6 ~ 8（~ 10）个，近卵形、广卵形、近球形或其他不规则形状，无柄、近无柄至有明显的短柄，35.6 ~ 58.4（~ 66.0）μm×30.5 ~ 45.7μm；子囊孢子（2 ~）3 ~ 5个，卵形至卵状矩圆形，带黄色，17.8 ~ 20.3（~ 22.9）μm×11.4 ~ 13.9（~ 15.2）μm。

寄主：披针叶野决明。

草地类：温性典型草原。

发生地点：内蒙古自治区乌兰察布市凉城县。

危害部位：全株。

发病率：74.71%。

黄华白粉菌危害状况

26.蒲公英锈病

病菌：小林柄锈菌 *Puccinia silvaticella*

病菌特征：冬孢子堆生于叶两面，裸露，有破裂的寄主表皮围绕，圆形或近圆形，聚生，常愈合，粉状，栗褐色；冬孢子椭圆形、矩圆形或近棍棒形，（26.0 ~ 43.0）μm×（14.0 ~ 23.0）μm，顶端圆或略钝，基部圆或渐狭，隔膜处缢缩，侧壁厚1.5 ~ 2.0μm，顶壁厚3.0 ~ 7.0μm，光滑，黄褐色或肉桂褐色，上细胞芽孔生于顶或略下，下细胞芽孔近隔膜，柄无色，长约30.0μm，易脱落。

寄主：蒲公英。

草地类：温性典型草原。

发生地点：全市范围内有不同程度发生。

小林柄锈菌危害状况

危害部位：全株。

发病率：40.15%。

27.狼毒真菌病害

病菌：结香枝孢 *Cladosporium edgeworthiae*

病菌特征：病斑生于叶两面，散生至愈合，灰褐色，边缘具深褐色波纹状线，有时外围具宽黄色晕，6cm×1cm；叶背生灰色绒状霉层。分生孢子梗单生，直立，不分枝，具隔膜，顶部合轴延伸，淡褐色，向顶变淡白色，（5.0～183.0）μm×（2.8～3.9）μm，平均132.0μm×3.6μm；枝孢0～1个隔膜，平滑，淡褐色，顶部具膨胀小齿，孢脐明显，深褐色，（7.7～20.3）μm×（4.1～5.1）μm，平均11.6μm×4.7μm；分生孢子链生，纺锤形，单胞，平滑，淡褐色，基部或两端具疤痕状隆起，（3.9～10.3）μm×（2.8～4.6）μm，平均6.9μm×3.8μm。

寄主：狼毒。

草地类：温性山地草甸、温性典型草原。

发生地点：内蒙古自治区乌兰察布市卓资县、内蒙古自治区乌兰察布市察右中旗、内蒙古自治区乌兰察布市察右前旗。

危害部位：叶部。

发病率：44.17%。

结香枝孢危害状况

28.山野豌豆叶斑病

病菌：豌豆叶点霉 *Phyllosticta pisi*

病菌特征：病斑生于叶上，近圆形、椭圆形，中央灰黄色、黄褐色，边缘暗褐色，直径4～10mm，上生小黑点（分生孢子器）。分生孢子器生于叶面，散生，初埋生，后突破表皮，孔口外露，近球形，直径100.0～120.0μm，高80.0～90.0μm；器壁膜质，黄褐色，由数层细胞组成，壁厚5.0～7.5μm，内壁无色，形成产孢细胞，上生分生孢子；孔口圆形，胞壁加厚，暗褐色，居中；产孢细胞瓶形，单胞，无色，（5.0～7.0）μm×（4.0～6.0）μm；分生孢子椭圆形，两端钝圆，单胞，无色，正直或微弯，（5.0～8.0）μm×（2.0～2.5）μm。

寄主： 山野豌豆。

草地类： 温性典型草原。

发生地点： 内蒙古自治区乌兰察布市丰镇市。

危害部位： 叶部。

发病率： 27.27%。

豌豆叶点霉危害状况

29.山野豌豆白粉病

病菌： 豌豆白粉菌 *Erysiphe pisi*

病菌特征： 菌丝体生于叶的两面，大多数情况下存留并形成无定形的白色斑片，常覆满全叶，个别情况下近消失至消失。分生孢子桶柱形至近柱形，（22.9～）25.4～38.1（～43.2）μm×（11.4～）12.7～17.8（～18.3）μm；子囊果聚生至近散生，暗褐色，扁球形，直径（75.0～）92.0～120.0（～130.0）μm，个别达150.0μm，壁细胞不规则多角形，直径（5.1～）7.1～20.3（～25.4）μm；附属丝（7～）12～34（～59）根，大多不分枝，少数不规则地叉状分枝1（～2）次，曲折状至扭曲状，个别屈膝状，长度为子囊果直径的（0.5～）1.0～3.0（～5.0）倍，长（45.0～）95.0～420.0（～582.0）μm，局部粗细不匀或向上稍渐细，宽（4.6～）5.6～8.9（～10.2）μm，壁薄，平滑至稍粗糙，有0～3（～5）个隔膜，成熟时一般下半部褐色，上半部淡褐色至近无色，有时全长淡褐色或完全无色；子囊（3～）5～9（～13）个，卵形、近卵形，少数近球形或其他不规则形状，一般有短柄，少数近无柄至无柄，（43.2～）55.9～76.2（～86.4）μm×（30.5～）35.6～43.2（～48.3）μm；子囊孢子（2～）3～5（～6）个，卵形、矩圆卵形，带黄色，（17.8～）20.3～25.4（～27.9）μm×（11.4～）12.7～15.2（～16.4）μm。

寄主：山野豌豆

草地类：温性典型草原。

发生地点：内蒙古自治区乌兰察布市丰镇市。

危害部位：叶部。

发病率：30.36%。

豌豆白粉菌危害状况

30.山野豌豆锈病

病菌：蚕豆单胞锈菌 *Uromyces viciae-fabae*

病菌特征：性孢子器生于叶两面或茎上，多在叶下面，近球形，直径90.0～120.0μm，蜜黄色。春孢子器生于叶两面或茎上，多在叶下面，聚成小群，杯状，直径180.0～250.0μm，白色，边缘反卷，有缺刻；春孢子棱球形或近椭圆形，（18.0～25.0）μm×（15.0～20.0）μm，壁厚约1.0μm，表面有细疣，淡黄色或近无色。夏孢子堆生于叶两面、叶柄或茎上，散生，多时密布全叶，圆形，裸露，直径0.2～1.0mm，有破裂的寄主表皮围绕，粉状，褐色；夏孢子宽椭圆形或倒卵形，（22.0～33.0）μm×（17.0～25.0）μm，壁厚1.5～2.5μm，淡黄褐色，表面有刺，芽孔3～5个，散生或有时近腰生，具小孔帽。冬孢子堆生于叶两面、叶柄或茎上，散生，偶见同心圆状排列并互相愈合，圆形或长椭圆形，长1.0～5.0mm，裸露，垫状，有破裂的寄主表皮围绕，坚实，黑褐色或黑

色；冬孢子椭圆形、倒卵形、近球形或不规则形状，25.0 ~ 38.0（~ 40.0）μm×
17.0 ~ 25.0μm，顶端圆，稀钝角或平截，基部渐狭或圆，侧壁厚（1.0 ~）1.5 ~
2.0（~ 2.5）μm，顶壁厚5.0 ~ 10.0μm，表面光滑，肉桂褐色或栗褐色，柄长达
80.0μm或更长，淡黄色或淡黄褐色，不脱落。

寄主： 山野豌豆。

草地类： 温性典型草原。

发生地点： 内蒙古自治区乌兰察布市凉城县。

危害部位： 叶部。

发病率： 25.16%。

蚕豆单胞锈菌危害状况

31. 叉分蓼褐斑病

病菌： 蓼尾孢 *Cercospora polygonacea*

病菌特征： 病斑生于叶的正背两面，圆形、长圆形至多角形，宽2.5 ~
13.0mm，愈合，叶面病斑中央灰白色、灰色至浅黄褐色，周围赤褐色或灰褐色，
边缘周有暗褐色细线圈，具黄褐色至褐色晕，叶背病斑浅灰色、灰褐色至红褐
色。子实体生于叶两面；子座无或小，由少数褐色至暗褐色近球形细胞组成；分
生孢子梗单生或2 ~ 20根簇生，浅至中度青黄褐色至淡褐色，色泽均匀或向顶
近无色，宽度均匀或不均匀，直立或弯曲，分枝，2 ~ 12个屈膝状折点，顶部
圆锥形平截，2 ~ 8个隔膜，18.8 ~ 200.0μm×3.8 ~ 6.3（~ 7.5）μm；孢痕疤
明显加厚，宽2.3 ~ 4.4μm；分生孢子针形，少数为近柱形，无色，直立或弯曲，
顶部尖细至近钝，基部倒圆锥形平截，多隔膜，47.5 ~ 230.0（~ 400.0）μm×
2.5 ~ 4.4μm。

寄主： 叉分蓼。

草地类： 温性山地草甸。

发生地点：内蒙古自治区乌兰察布市察右中旗。

危害部位：全株。

发病率：18.92%。

蓼尾孢危害状况

32.西伯利亚蓼叶斑病

病菌：蓼叶点霉 *Phyllosticta polygonorum*

病菌特征：病斑生于叶上，圆形，褐色，边缘深褐色，直径4 ~ 8mm，中间具1个小圆点，上生小黑点（分生孢子器）。分生孢子器生于叶面，散生，初埋生，后突破表皮，孔口外露，球形，扁球形，直径65.0 ~ 105.0μm，高55.0 ~ 75.0μm；器壁膜质，褐色，由数层细胞组成，壁厚5.0 ~ 8.0μm，内壁无

蓼叶点霉危害状况

色，形成产孢细胞，上生分生孢子；孔口圆形，胞壁加厚，暗褐色，居中；产孢细胞瓶形，单胞，无色，(5.0 ～ 5.5) μm×（2.0 ～ 3.0) μm；分生孢子卵形、椭圆形，两端圆，单胞，无色，内含1个油球，(4.0 ～ 5.5) μm×（2.0 ～ 3.0) μm。

寄主：西伯利亚蓼。

草地类：温性山地草甸。

发生地点：内蒙古自治区乌兰察布市察右中旗。

危害部位：全株。

发病率：60％。

33.西伯利亚蓼褐斑病

病菌：西伯利亚柄锈菌 *Puccinia sibirica*

病菌特征：夏孢子堆生于叶下面，散生或略聚生，裸露，圆形，直径0.2 ～ 0.5mm，肉桂褐色，粉状；夏孢子近球形或椭圆形，(22.0 ～ 28.0) μm×（18.0 ～ 23.0) μm，壁厚1.5 ～ 2.5μm，有刺，淡黄褐色或近无色，芽孔不清楚，可能3 ～ 4个，腰生。冬孢子堆似夏孢子堆，黑褐色；冬孢子椭圆形或矩圆形，25.0 ～ 35.0μm×17.0 ～ 23.0 (～ 25.0) μm，两端圆，隔膜处略缢缩或不缢缩，壁厚约1.5μm，厚度均匀，肉桂褐色，光滑，有时有少数不明显的线条或小疣，上细胞芽孔顶生、侧生或近隔膜，下细胞芽孔近隔膜，孔上有明显的无色小孔帽，柄无色，短，脱落或易断。

寄主：西伯利亚蓼。

草地类：温性山地草甸。

发生地点：内蒙古自治区乌兰察布市察右中旗。

危害部位：全株。

发病率：36.67％。

西伯利亚柄锈菌危害状况

34.垂果南芥白粉病

病菌：南芥白粉菌 *Erysiphe arabidis*

病菌特征：菌丝体生于叶的两面，以叶面为主或以叶背为主，消失、近存留或存留，展生，较少形成不明显的斑片。分生孢子柱形，（22.9～38.1）μm×（11.4～17.8）μm；子囊果聚生至散生，暗褐色，扁球形，直径（79.0～）98.0～125.0（～140.0）μm，壁细胞不规则多角形，直径6.3～21.3μm；附属丝9～36（～55）根，大多不分枝，较少不规则地分枝1～2次，常呈弯曲状、扭曲状或曲折状，在同一个子囊果上长短不齐，长度为子囊果直径的（0.5～）1.0～2.0倍，长（25.0～）75.0～240.0μm，粗细不匀，宽（2.5～）5.6～10.6（～12.7）μm，壁薄，平滑或稍粗糙，有1～7个隔膜，褐色，较少淡褐色，顶端近无色；子囊（7～）9～16（～24）个，近卵形、矩圆状卵形、矩圆状椭圆形，有明显的柄到无柄，（40.6～）52.5～68.8（～81.3）μm×（18.8～）25.0～33.0（～40.6）μm；子囊孢子绝大多数2个，卵形、广卵形，黄色，（15.0～）17.8～22.9（～25.0）μm×（10.0～）11.4～13.8（～15.7）μm。

寄主：垂果南芥。

草地类：温性典型草原。

发生地点：内蒙古自治区乌兰察布市兴和县。

危害部位：全株。

发病率：41.03%。

南芥白粉菌危害状况

35.花苜蓿白粉病

病菌：豌豆白粉菌 *Erysiphe pisi*

病菌特征：菌丝体生于叶的两面，大多数情况下存留并形成无定形的白色斑片，常覆满全叶，个别情况下近消失至消失。分生孢子桶柱形至近柱形，（22.9 ～）25.4 ～ 38.1（～ 43.2）μm×（11.4 ～）12.7 ～ 17.8（～ 18.3）μm；子囊果聚生至近散生，暗褐色，扁球形，直径（75.0 ～）92.0 ～ 120.0（～ 130.0）μm，个别达150.0μm，壁细胞不规则多角形，直径（5.1 ～）7.1 ～ 20.3（～ 25.4）μm；附属丝（7 ～）12 ～ 34（～ 59）根，大多不分枝，少数不规则地叉状分枝1 ～ 2次，曲折状至扭曲状，个别屈膝状，长度为子囊果直径的（0.5 ～）1.0 ～ 3.0（～ 5.0）倍，长（45.0 ～）95.0 ～ 420.0（～ 582.0）μm，局部粗细不匀或向上稍渐细，宽（4.6 ～）5.6 ～ 8.9（～ 10.2）μm，壁薄，平滑至稍粗糙，有0 ～ 3（～ 5）个隔膜，成熟时一般下半部褐色，上半部淡褐色至近无色，有时全长淡褐色或完全无色；子囊（3 ～）5 ～ 9（～ 13）个、卵形、近卵形，少数近球形或其他不规则形状，一般有短柄，少数近无柄至无柄，（43.2 ～）55.9 ～ 76.2（～ 86.4）μm×（30.5 ～）35.6 ～ 43.2（～ 48.3）μm；子囊孢子（2 ～）3 ～ 5（～ 6）个，卵形、矩圆状卵形，带黄色，（17.8 ～）20.3 ～ 25.4（～ 27.9）μm×（11.4 ～）12.7 ～ 15.2（～ 16.4）μm。

寄主：花苜蓿。

草地类：温性典型草原、温性荒漠草原。

发生地点：内蒙古自治区乌兰察布市凉城县、内蒙古自治区乌兰察布市四子王旗、内蒙古自治区乌兰察布市兴和县、内蒙古自治区乌兰察布市察右中旗。

危害部位：全株。

发病率：29.73%。

豌豆白粉菌危害状况

36.萹蓄白粉病

病菌：蓼白粉菌 *Erysiphe polygoni*

病菌特征：菌丝体生于叶的两面，少数生于叶背，存留至近存留，形成厚或薄的白色斑片，最后铺满全叶，少数近消失。分生孢子柱形，（26.6 ～）30.5 ～ 43.2（～ 56.3）μm×（12.7 ～）15.2 ～ 17.8（～ 19.0）mm；子囊果聚生至近聚生，较少散生，暗褐色，扁球形，直径（88.0 ～）95.0 ～ 122.0（～ 137.0）μm，壁细胞不规则多角形，直径6.3 ～ 17.8（～ 20.3）μm；附属丝（9 ～）13 ～ 37（～ 47）根，不分枝或不规则分枝，少数近双叉状分枝1 ～ 2次，弯曲，常呈扭曲状或曲折状，长度为子囊果直径的（0.3 ～）0.5 ～ 1.0（～ 1.7）倍，长（32.0 ～）75.0 ～ 158.0（～ 210.0）μm，上下近等粗或局部粗细不匀，宽（3.8 ～）5.1 ～ 8.9（～ 10.6）μm，壁薄，平滑或稍粗糙，有0 ～ 3个隔膜，褐色，向上渐淡至近无色；子囊（3 ～）4 ～ 8（～ 10）个，长或短的卵形、各种不规则卵形、少数近球形，有明显的柄到无柄，（45.7～）53.3～71.1（～90.1）μm×（30.5～）33.0～45.7（～50.8）μm；子囊孢子2～4（～5）个，一般卵状椭圆形，少数卵状矩圆形，带黄色，（17.5～）20.3～30.0（～36.3）μm×（11.2～）12.7～15.2（～17.5）μm。

寄主：萹蓄。

草地类：温性典型草原。

发生地点：内蒙古自治区乌兰察布市察右后旗、内蒙古自治区乌兰察布市商都县。

危害部位：全株。

发病率：26.07%。

蓼白粉菌危害状况

37.萹蓄锈病

病菌：萹蓄单胞锈菌 *Uromyces polygoni-avicularis*

病菌特征：性孢子器生于叶两面，直径70.0～100.0μm，小群聚生，蜜黄色。春孢子器生于叶两面或茎上，多在叶下面，不规则聚生或密集成圆群，杯状，直径180.0～250.0μm，边缘反卷，有缺刻，白色；春孢子角球形或椭圆形，（17.0～25.0）μm×（15.0～20.0）μm，壁约厚1.0μm，表面密生细疣。夏孢子堆生于叶两面或茎上，多在叶下面，圆形，直径0.2～1.0mm，散生或聚生，裸露，常有破碎的寄主表皮围绕，粉状，肉桂褐色；夏孢子近球形、倒卵形或椭圆形，18.0～28.0（～30.0）μm×17.0～23.0μm，壁厚1.5～2.0μm，表面密生细疣，肉桂褐色，芽孔3～4个，腰生。冬孢子堆生于叶两面或茎上，圆形，直径

0.2 ～ 1.0mm，散生或聚生，常互相愈合成大孢子堆，在茎上常连成1cm以上的条状孢子堆，裸露，略隆起，坚实，黑褐色；冬孢子近球形、椭圆形、矩圆形或倒卵形，稀长椭圆形，25.0 ～ 40.0μm×15.0 ～ 25.0（～ 28.0）μm，顶端圆或钝，基部圆或狭细，侧壁厚不及1.0μm，顶壁厚2.5 ～ 7.0μm，表面光滑，栗褐色，柄长达110.0μm，淡黄色或淡黄褐色，不脱落。

寄主：萹蓄。

草地类：温性典型草原。

发生地点：内蒙古自治区乌兰察布市察右后旗、内蒙古自治区乌兰察布市商都县。

危害部位：叶部。

发病率：23.52%。

萹蓄单胞锈菌危害状况

38.蓝刺头锈病

病菌：蓝刺头柄锈菌 *Puccinia echinopis*

病菌特征：夏孢子堆生于叶两面，常在叶上面，散生，圆形或近圆形，直径0.4 ～ 1.0mm，肉桂褐色或黄褐色，粉状；夏孢子球形或近球形，（22.0 ～）24.0 ～ 30.0（～ 32.0）μm×（20.0 ～）22.0 ～ 27.0（～ 29.0）μm，壁厚1.5 ～ 2.5μm，黄褐色或肉桂褐色，有刺，芽孔（2 ～）3 ～ 4个，腰生，有时有孔帽。冬孢子堆生于叶两面，通常在叶上面，裸露，有破裂的寄主表皮围绕，散生，圆形、近圆形或椭圆形，长0.5 ～ 1.5mm，粉状，黑褐色；冬孢子椭圆形、宽椭圆形或矩圆形，（25.0 ～）27.0 ～ 45.0（～ 47.0）μm×（16.0 ～）18.0 ～ 25.0（～ 30.0）μm，两端圆或基部渐狭，隔膜处不缢缩或稍缢缩，壁厚1.5 ～ 2.0

（～ 3.0）μm，顶壁不增厚或稍增厚，黄褐色或肉桂褐色，有细疣，上细胞芽孔生于顶或略下，下细胞芽孔近隔膜，柄无色，长达58.0μm，易脱落。

寄主：蓝刺头。

草地类：温性山地草甸。

发生地点：内蒙古自治区乌兰察布市察右中旗。

危害部位：叶部。

发病率：25%。

蓝刺头柄锈菌危害状况

39.蓝刺头白粉病

病菌：菊科白粉菌 *Erysiphe cichoracearum*

病菌特征：菌丝体一般生于叶的两面，少数生于叶背，消失至近存留，少数存留，如存留则展生至形成薄而边缘不明显的无定形斑片。分生孢子桶柱形或近柱形，（20.0 ～）22.9 ～ 35.6（～ 40.6）μm×（11.3 ～）13.9 ～ 17.8（～ 20.3）μm；子囊果聚生至近散生，暗褐色，扁球形，直径（80.0 ～）90.0 ～ 130.0μm，个别情况下可达160μm，壁细胞不规则多角形，直径（5.1 ～）7.6 ～ 18.8（～ 22.9）μm；附属丝（11 ～）18 ～ 40（～ 85）根，一般不分枝，少数不规则地分枝1次，至多2次，大多弯曲，常呈曲折状或扭曲状，往往互相缠结，长度为子囊果直径的0.5 ～ 2.5（～ 4.5）倍，长38.0 ～ 310.0（～ 480.0）μm，大多粗细不匀，少数上下近等粗或向上稍渐细，宽3.8 ～ 8.8（～ 10.2）μm，壁薄，平滑或稍粗糙，有1 ～ 8（～ 12）个隔膜，在隔膜处不缢缩或稍缢缩，一般深褐色，少数淡褐色；子囊（5 ～）10 ～ 20（～ 24）个，卵形、矩圆状椭圆形、不规则形状，一般有明显的柄，少数近无柄，个别无柄，（47.5 ～）55.0 ～ 81.3（～ 92.5）μm×（25.0 ～）30.5 ～ 43.2（～ 48.8）μm；子囊孢子2（～ 3）个，极少数情况下4个，卵形、矩圆状卵形，带黄色，（17.5～）20.3～27.9（～33.8）μm×（11.3～）14.7～17.8（～20.0）μm。

寄主：蓝刺头。

草地类：温性山地草甸。

发生地点：内蒙古自治区乌兰察布市察右中旗。

危害部位：叶部。

发病率：25%。

菊科白粉菌危害状况

40.乳白香青褐斑病

病菌：香青罩膜双胞锈菌 *Miyagia anaphalidis*

病菌特征：性孢子器多生于叶上面，近球形，直径约100.0μm，蜜黄色，常被寄主的毛覆盖，不明显。春孢子器生于叶下面，初期泡状，后顶部开裂呈短柱状，直径0.3～0.5mm，淡黄色，包被不规则菱形或多角形，（30.0～55.0）μm×（18.0～35.0）μm，外壁有线纹；春孢子近球形、椭圆形或倒卵形，（18.0～28.0）μm×（17.0～22.0）μm，壁厚约1.0μm，表面密生细疣，无色。夏孢子堆生于叶下面，散生或松散群生，为包被所罩，隆起，直径0.3～0.8mm，褐色，有时被寄主的毛覆盖，不明显，顶端不规则开口；包被细胞长形，不规则，长度不等，25.0～50.0μm，宽7.0～10.0μm，排列紧密；夏孢子近球形、椭圆形或倒卵形，（20.0～28.0）μm×（16.0～23.0）μm，壁厚1.5～2.0μm，淡黄色或无色，新鲜时内容物黄色，表面有刺，芽孔不清楚。冬孢子堆生于叶下面，为包被所罩，隆起，似夏孢子堆，黑褐色或黑色，有时被寄主的毛覆盖，不明显；冬孢子双胞，椭圆形、长倒卵形或棍棒形，40.0～65.0（～70.0）μm×15.0～25.0μm，顶端圆、钝或尖，基部渐狭，侧壁厚1.0～1.5μm，顶壁厚

香青罩膜双胞锈菌危害状况

5.0 ～ 13.0μm，淡褐色至栗褐色，表面光滑，上细胞芽孔生于顶，下细胞芽孔近隔膜，柄长20.0 ～ 50.0μm，淡黄褐色，不脱落；偶见单胞冬孢子。

　　寄主：乳白香青。

　　草地类：温性典型草原。

　　发生地点：内蒙古自治区乌兰察布市兴和县。

　　危害部位：全株。

　　发病率：16.67%。

41.旋覆花叶斑病

　　病菌：长极链格孢 *Alternaria longissima*

　　病菌特征：病斑生于叶片上，圆形、近圆形或不规则形，灰褐色，直径1 ～ 10mm，大小不等，边缘淡紫色。子实体主要生于叶正面。分生孢子梗单生或簇

长极链格孢危害状况

生，不分枝或不规则分枝，多数弯曲，分隔，浅褐色，具1个至数个孢痕，（8.5 ～ 73.5）μm×（3.5 ～ 6.0）μm。分生孢子单生，罕短链生，鞭状，柱状，不同程度地不规则弯曲，具2 ～ 15个横隔膜或更多，个别孢子具少数纵、斜隔膜，分隔处不缢缩或略缢缩，淡褐色至中度褐色，（32.0 ～ 121.0）μm×（3.5 ～ 8.0）μm。

寄主： 旋覆花。

草地类： 温性典型草原。

发生地点： 内蒙古自治区乌兰察布市卓资县。

危害部位： 叶部。

发病率： 66.67%。

42.角蒿白粉病

病菌： 蓼白粉菌 *Erysiphe polygoni*

病菌特征： 菌丝体生于叶的两面，少数生于叶背，存留至近存留，形成厚或薄的白色斑片，最后铺满全叶，少数近消失。分生孢子柱形，（26.6 ～）30.5 ～ 43.2（～ 56.3）μm×（12.7 ～）15.2 ～ 17.8（～ 19.0）μm；子囊果聚生至近聚生，较少散生，暗褐色，扁球形，直径（88.0 ～）95.0 ～ 122.0（～ 137.0）μm，壁细胞不规则多角形，直径6.3 ～ 17.8（～ 20.3）μm；附属丝（9 ～）13 ～ 37（～ 47）根，不分枝或不规则分枝，少数近双叉状分枝1 ～ 2次，弯曲，常呈扭曲状或曲折状，长度为子囊果直径的（0.3 ～）0.5 ～ 1.0（～ 1.7）倍，长（32.0 ～）75.0 ～ 158.0（～ 210.0）μm，上下近等粗或局部粗细不匀，宽（3.8 ～）5.1 ～ 8.9（～ 10.6）μm，壁薄，平滑或稍粗糙，有0 ～ 3个隔膜，褐色，向上渐淡至近无色；子囊（3 ～）4 ～ 8（～ 10）个，长或短的卵形、各种不规则卵形，少数近球形，有明显的柄到无柄，（45.7 ～）53.3 ～ 71.1（～ 90.1）μm×（30.5 ～）33.0 ～ 45.7（～ 50.8）μm；子囊孢子2 ～ 4（～ 5）个，一般卵状椭圆

蓼白粉菌危害状况

形，少数卵状矩圆形，带黄色，（17.5～）20.3～30.0（～36.3）μm×（11.2～）12.7～15.2（～17.5）μm。

寄主：角蒿。

草地类：温性典型草原。

发生地点：内蒙古自治区乌兰察布市丰镇市。

危害部位：叶部。

发病率：37.14%。

43.野艾蒿褐斑病

病菌：蒿尾孢 *Cercospora artemisiae*

病菌特征：病斑生于叶的正背两面，近圆形至不规则形，宽1.5～5.0mm，叶面病斑中央浅褐色至褐色，边缘暗褐色，具浅褐色晕，叶背病斑灰褐色。子实体生于叶两面；子座无或仅由数个褐色球形细胞组成。分生孢子梗单生或2～15根簇生，浅褐色至褐色，向顶色泽变浅，宽度不规则，直立至弯曲，不分枝，1～3个屈膝状折点，顶部圆锥形平截至平截，1～6个隔膜，（55.6～172.5）μm×（3.5～6.0）μm；孢痕疤明显加厚，宽2.5～3.0μm；分生孢子针形，无色，直立至弯曲，顶部尖细，基部倒圆锥形平截至平截，多个隔膜，（54.0～211.3）μm×（2.8～5.0）μm。

寄主：野艾蒿。

草地类：温性典型草原。

发生地点：内蒙古自治区乌兰察布市丰镇市。

危害部位：叶部。

发病率：37.14%。

蒿尾孢危害状况

44.野艾蒿锈斑病

病菌： 黑棕柄锈菌 *Puccinia atrofusca*

病菌特征： 性孢子器生于叶上面，聚生，直径约100.0μm，近球形，蜜黄色或褐色。春孢子器生于叶下面或叶柄上，聚生，杯状，直径0.3～0.5mm，白色，边缘反弯，有缺刻；春孢子近球形或宽椭圆形，(15.0～22.0) μm× (13.0～20.0) μm，壁厚约1.0μm，无色，有细疣。夏孢子堆主要生于叶下面，散生或聚生，略隆起，椭圆形或线形，长达2.0mm，裸露，有破裂的表皮围绕，粉状，肉桂褐色；夏孢子倒卵形或宽椭圆形，(23.0～32.0) μm× (15.0～22.0) μm，壁厚1.5～2.0μm，肉桂褐色，有细刺，芽孔2个，近腰生；休眠夏孢子生于深褐色孢子堆中，倒卵形，(25.0～35.0) μm× (17.0～25.0) μm，壁厚2.5～4.0μm，顶端厚5.0～10.0μm，栗褐色，有明显的疣，芽孔2～4个，腰生。冬孢子堆与夏孢子堆同，深栗褐色或黑褐色；冬孢子矩圆状棍棒形或棍棒形，顶端圆或钝圆，基部狭窄，隔膜处稍缢缩，(38.0～63.0) μm× (15.0～23.0) μm，壁栗褐色，顶端色淡，光滑，顶壁厚5.0～12.0μm，上细胞芽孔生于顶，下细胞芽孔近隔膜，柄淡褐色，长25.0～38.0μm，不脱落。

寄主： 野艾蒿。

草地类： 温性典型草原。

发生地点： 内蒙古自治区乌兰察布市丰镇市。

危害部位： 叶部。

发病率： 37.14%。

黑棕柄锈菌危害状况

45.蒙古蒿白粉病

病菌： 蒿白粉菌 *Erysiphe artemisiae*

病菌特征： 菌丝体生于叶的两面，少数生于叶背，消失、近存留至存留，如存留，形成薄或厚的白色无定形斑片。分生孢子桶柱形或柱形，（19.1～）23.8～33.8（～38.1）μm×（11.3～）13.9～18.8（～21.3）μm；子囊果一般散生，少数聚生，暗褐色，扁球形，直径89.0～137.0μm，个别情况下可达168.0μm，壁细胞不规则多角形，直径（5.0～）7.6～18.8（～22.5）μm；附属丝（11～）15～48（～65）根，一般不分枝，少数不规则地叉状分枝1次，大多弯曲，少数近直，个别曲折状至波状，长度为子囊果直径的0.5～1.0（～2.0）倍，长（28.0～）55.0～140.0（～256.0）μm，较细，上下近等粗或向上稍渐细，宽3.0～5.6（～7.6）μm，壁薄，平滑或稍粗糙，有1～7个隔膜，在隔膜处一般不缢缩，近无色，少数黄色至淡褐色；子囊（5～）7～15（～24）个，卵形、椭圆形、不规则形状，一般有明显的柄到短柄，个别近无柄，（53.8～）68.8～81.3（～98.8）μm×（25.0～）30.5～43.8（～48.8）μm；子囊孢子2个，个别情况下3个，卵形、矩圆状卵形，带黄色，（17.5～）20.3～27.5（～35.6）μm×（12.5～）15.2～18.8（～22.9）μm。

寄主：蒙古蒿。

草地类：温性典型草原。

发生地点：内蒙古自治区乌兰察布市兴和县。

危害部位：叶部。

发病率：37.14%。

蒿白粉菌危害状况

46.大籽蒿白粉病

病菌：蒿白粉菌 *Erysiphe artemisiae*

病菌特征：菌丝体生于叶的两面，少数生于叶背，消失、近存留至存留，如存留，形成薄或厚的白色无定形斑片。分生孢子桶柱形或柱形，（19.1～）

23.8 ～ 33.8 （～ 38.1） μm×（11.3 ～）13.9 ～ 18.8 （～ 21.3）μm；子囊果一般散生，少数聚生，暗褐色，扁球形，直径89 ～ 137μm，个别情况下可达168μm，壁细胞不规则多角形，直径（5.0 ～）7.6 ～ 18.8 （～ 22.5）μm；附属丝（11 ～）15 ～ 48 （～ 65）根，一般不分枝，少数不规则地叉状分枝1次，大多弯曲，少数近直，个别曲折状至波状，长度为子囊果直径的0.5 ～ 1.0 （～ 2.0）倍，长（28.0 ～）55.0 ～ 140.0 （～ 256.0）μm，较细，上下近等粗或向上稍渐细，宽3.0 ～ 5.6 （～ 7.6）μm，壁薄，平滑或稍粗糙，有1 ～ 7个隔膜，在隔膜处一般不缢缩，近无色，少数黄色至淡褐色；子囊（5 ～）7 ～ 15 （～ 24）个，卵形、椭圆形、不规则形状，一般有明显的柄到短柄，个别近无柄，（53.8 ～）68.8 ～ 81.3 （～ 98.8）μm×（25.0 ～）30.5 ～ 43.8 （～ 48.8）μm；子囊孢子2个，个别情况下3个，卵形、矩圆状卵形、带黄色，（17.5 ～）20.3 ～ 27.5 （～ 35.6）μm×（12.5 ～）15.2 ～ 18.8 （～ 22.9）μm。

寄主：大籽蒿。

草地类：温性典型草原。

发生地点：内蒙古自治区乌兰察布市兴和县、内蒙古自治区乌兰察布市察右中旗。

危害部位：叶部。

发病率：37.14%。

蒿白粉菌危害状况

47.大籽蒿叶斑病

病菌：铁锈菌绒孢 *Mycovellosiella ferruginea*

病菌特征：病斑在叶面无一定形状或呈不规则的褪色斑块，在叶背的相应部分覆盖1层铁锈色至污黑色菌绒层。子实体生于叶背面，扩散型；初生菌丝生

于体内；次生菌丝生于体表；菌丝从气孔伸出并充分扩展于叶背面，青黄色至
浅褐色，分枝，具隔膜，宽2.3～3.7μm；无子座。分生孢子梗少数与次生菌丝
一起从气孔伸出，或作为侧生分枝单生于表生菌丝上，浅褐色至暗褐色，向顶
色泽变浅，宽度不均匀，顶部常较宽，直立或不同程度弯曲，分枝，0～6个屈
膝状折点，顶部圆锥形，多个隔膜，130.0～480.0μm×4.3～6.5（～7.6）μm；
孢痕疤明显加厚，宽2.0～2.6μm；分生孢子倒棍棒形至圆柱形，浅青黄褐色至
浅褐色，单生，直立或稍弯曲，顶部钝圆，基部倒圆锥形平截，0～7个隔膜，
（37.0～130.0）μm×（4.3～10.0）μm；基脐明显。

寄主：大籽蒿。

草地类：温性典型草原。

发生地点：内蒙古自治区乌兰察布市兴和县、内蒙古自治区乌兰察布市察右
中旗。

危害部位：叶部。

发病率：37.14%。

铁锈菌绒孢危害状况

48.驼绒藜病毒病

病菌：驼绒藜单胞锈菌 *Uromyces eurotiae*

病菌特征：夏孢子混生于冬孢子堆中，椭圆形或倒卵形，22.0～28.0
（～32.0）μm×（18.0～）20.0～23.0μm，壁厚1.5～2.0μm，表面有细刺，黄
褐色或肉桂褐色，芽孔3～4个，腰生或近腰生。冬孢子堆生于叶两面，多在叶
下面，圆形或椭圆形，直径0.2～0.5mm，散生，裸露，粉状，栗褐色或黑褐色；
冬孢子近球形、椭圆形或倒卵形，17.0～25.0（～27.0）μm×15.0～21.0μm，
两端圆或基部略狭，壁厚均匀，为1.5μm，表面光滑或有不明显的细疣，肉桂褐

驼绒藜单胞锈菌危害状况

色，顶端有薄的无色小孔帽，柄无色，短，易断。

  寄主：驼绒藜。

  草地类：温性荒漠草原、温性典型草原。

  发生地点：内蒙古自治区乌兰察布市四子王旗。

  危害部位：全株。

  发病率：27.04%。

49.斜茎黄芪白粉病

  病菌：豌豆白粉菌 *Erysiphe pisi*

  病菌特征：菌丝体生于叶的两面，大多数情况下存留并形成无定形的白色斑片，常覆满全叶，个别情况下近消失至消失。分生孢子桶柱形至近柱形，（22.9～）25.4～38.1（～43.2）μm×（11.4～）12.7～17.8（～18.3）μm；子囊果聚生至近散生，暗褐色，扁球形，直径（75.0～）92.0～120.0（～130.0）μm，个别达150.0μm，壁细胞不规则多角形，直径（5.1～）7.1～20.3（～25.4）μm；附属丝（7～）12～34（～59）根，大多不分枝，少数不规则地叉状分枝1～2次，曲折状至扭曲状，个别屈膝状，长度为子囊果直径的（0.5～）1.0～3.0（～5.0）倍，长（45.0～）95.0～420.0（～582.0）μm，局部粗细不匀或向上稍渐细，宽（4.6～）5.6～8.9（～10.2）μm，壁薄，平滑至稍粗糙，有0～3（～5）个隔膜，成熟时一般下半部褐色，上半部淡褐色至近无色，有时全长淡褐色或完全无色；子囊（3～）5～9（～13）个，卵形、近卵形，少数近球形或其他不规则形状，一般有短柄，少数近无柄至无柄，（43.2～）55.9～76.2（～86.4）μm×（30.5～）35.6～43.2（～48.3）μm；子囊孢子（2～）3～5（～6）个，卵形、矩圆状卵形，带黄色，（17.8～）20.3～25.4（～27.9）μm×（11.4～）12.7～15.2（～16.4）μm。

127

豌豆白粉菌危害状况

寄主：斜茎黄芪。

草地类：温性典型草原。

发生地点：内蒙古自治区乌兰察布市凉城县。

危害部位：全株。

发病率：30%。

50.羊草白粉病

病菌：禾本科布氏白粉菌 *Blumeria graminis*

病菌特征：菌丝体生于叶的两面，一般以叶面为主，有时也生长在叶柄和芒上，存留，形成灰白色或稍带褐色的无定形斑片，有时互相愈合。刚毛镰形，暗色；分生孢子成串，长在有球形基部的分生孢子梗上，卵柱形、长卵形，淡灰黄色或无色，20.3 ~ 33.8（~ 40.0）μm×10.0 ~ 15.2（~ 16.3）μm；子囊果聚生，或聚生到散生，暗褐色，扁球形，常埋生于菌丝层内，直径（138.0 ~ ）163.0 ~ 219.0（~ 263.0）μm，壁细胞小而极不清楚；附属丝发育不全，（9 ~）18 ~ 52（~ 88）根，简单，一般不分枝，个别叉状分枝1次，很短，少数略长，长（3.8 ~）6.0 ~ 23.8（~ 75.0）μm，宽（3.8 ~）5.0 ~ 9.6（~ 11.4）μm，壁薄，平滑，0 ~ 1个隔膜，褐色或淡褐色；子囊（7 ~）12 ~ 20（~ 28）个，卵状椭圆形、矩圆状椭圆形、近椭圆形或其他不规则形状，有明显的柄、短柄到近无柄，（58.8 ~ ）75.0 ~ 96.3（~ 109.2）μm×（23.8 ~ ）26.3 ~ 40.0（~ 50.0）μm；子囊孢子一般8个，卵形，（18.8 ~ 23.8）μm×（11.3 ~ 13.8）μm，在寄主上当年往往不成熟。

寄主：羊草。

草地类：温性典型草原。

发生地点：内蒙古自治区乌兰察布市四子王旗。

禾本科布氏白粉菌危害状况

危害部位：全株。

发病率：29.02%。

51.羊草褐斑病

病菌：禾生腐霉 *Pythium graminicola*

病菌特征：菌丝粗2.50 ～ 8.00μm，分枝不规则。附着胞亚球形或不规则形。孢子囊膨大菌丝状或裂片状、指状、瓣状或不规则形状，顶生或间生，产生15 ～ 49个游动孢子；游动孢子肾形，双鞭毛，（14.80 ～ 17.20）μm×（9.80 ～ 14.80）μm，平均16.73μm×13.78μm；休止孢子直径12.30 ～ 17.20μm。藏卵器球形，平滑，顶生或间生，直径19.00 ～ 38.00μm，平均24.30μm。雄器棍棒形、卵形、亚球形或棒形，常为同丝生，偶为异丝生；柄长短不一，每个藏卵器有1 ～ 6个雄器，（8.60 ～ 12.00）μm×（6.00 ～ 6.90）μm。卵孢子球形，平滑，充满藏卵器，无色或带浅褐色，直径18.00 ～ 35.00μm，平均24.30μm，壁厚1.70 ～ 3.10μm，平均2.46μm。

禾生腐霉危害状况

寄主：羊草。

草地类：温性典型草原。

发生地点：全市范围内有不同程度发生。

危害部位：叶部。

发病率：33.33%。

52.羊草锈病

病菌：隐匿柄锈菌 *Puccinia recondita*

病菌特征：性孢子器多生于叶上面，聚生。春孢子器生于叶下面、叶柄和茎上，杯状或短柱状；春孢子球形或宽椭圆形，（19.0 ～ 29.0）μm×（13.0 ～ 26.0）μm，壁厚1.0 ～ 1.5μm，近无色，密生细疣。夏孢子堆生于叶两面，以叶上面为主，小，肉桂褐色，粉状；夏孢子球形或宽椭圆形，（19.0 ～ 30.0）μm×（15.0 ～ 28.0）μm，壁厚1.0 ～ 2.0μm，有刺，黄褐色或肉桂褐色，芽孔6 ～ 10个，散生。冬孢子堆生于叶两面或叶鞘上，椭圆形，散生，长期被表皮覆盖，黑褐色，有深褐色的侧丝，孢子堆常分成若干小室；冬孢子多为矩圆状棒形或圆柱形，形状、大小变化较大，30.0 ～ 65.0（～ 75.0）μm×13.0 ～ 24.0（～ 28.0）μm，顶端圆或平截，基部狭，侧壁厚1.0 ～ 1.5μm，顶部厚3.0 ～ 5.0μm，栗褐色，光滑，芽孔不清楚；柄褐色，很短，通常不及20.0μm。

寄主：羊草。

草地类：温性荒漠草原、温性典型草原。

发生地点：全市范围内有不同程度发生。

危害部位：全株。

发病率：22.42%。

隐匿柄锈菌危害状况

53.一叶萩真菌病害

病菌：叶底珠叉丝壳 *Microsphaera securinegae*

病菌特征：菌丝体生于叶的两面，存留到消失，形成不规则斑块或展生。子囊果扁球形，聚生或散生，直径60.0～95.0μm，平均75.1μm，多为67.0～80.0μm，壁细胞（15.0～20.0）μm×（10.0～15.0）μm；附属丝4～15根，多为5～9根，长130.0～915.0μm，为子囊果直径的2～13倍，常为6～10倍，平滑，无隔膜，无色或基部具浅色，1～5次双分叉或不分叉，末枝顶端规则地反卷，有时分枝颇松散而不定向，分叉多呈平角，壁薄，自子囊果底部凹陷处长出，平展而不与菌丝体交错，基部粗5.0～38.0μm；子囊3～7个，常为3～5个，宽椭圆形到亚球形，具短柄，（32.0～54.0）μm×（31.0～45.0）μm；子囊孢子5～8个，常为8个，罕为5个，椭圆形、矩圆形或卵形，（10.0～22.5）μm×（6.3～12.0）μm。

寄主：一叶萩。

草地类：温性典型草原。

发生地点：内蒙古自治区乌兰察布市兴和县。

危害部位：叶部。

发病率：41.67%。

叶底珠叉丝壳危害状况

54.鸢尾叶斑病

病菌：鸢尾叶点霉 *Phyllosticta iridis*

病菌特征：病斑生于叶上，初呈长梭形，后扩及整叶，中央灰白色，边缘橙褐色，轮廓不清，长达20mm，上生小黑点（分生孢子器）。分生孢子器生于叶面，散生或聚生，初埋生，后突破表皮，孔口外露，球形、扁球形，直径

87.0 ~ 150.0μm，高85.0 ~ 125.0μm；器壁膜质，褐色，由数层细胞组成，壁厚7.5 ~ 12.5μm，内壁无色，形成产孢细胞，上生分生孢子；孔口圆形，胞壁加厚，暗褐色，居中；产孢细胞瓶形，单胞，无色，（6.0 ~ 7.5）μm×（4.0 ~ 5.0）μm；分生孢子椭圆形、卵圆形、近纺锤形，两端钝圆或略尖，单胞，淡黄绿色，（6.0 ~ 10.0）μm×（3.5 ~ 5.0）μm，内含1个大油球，球形、长椭圆形，带淡红褐色。

寄主：鸢尾。

草地类：温性山地草甸。

发生地点：内蒙古自治区乌兰察布市丰镇市。

危害部位：叶部。

发病率：30%。

鸢尾叶点霉危害状况

55.柠条锦鸡儿锈病

病菌：毒豆单胞锈菌 *Uromyces laburni*

病菌特征：夏孢子堆生于叶下面，圆形，直径0.2 ~ 0.5mm，散生或小群聚生，常有破裂的寄主表皮围绕，粉状，肉桂褐色至栗褐色；夏孢子近球形、椭圆形或倒卵形，（20.0 ~ 28.0）μm×（18.0 ~ 22.0）μm，壁厚1.5 ~ 2.0μm，表面有细刺，肉桂褐色，芽孔3 ~ 5个，腰生、近腰生或散生。冬孢子堆似夏孢子堆；冬孢子近球形、椭圆形或倒卵形，（17.0 ~ 28.0）μm×（14.0 ~ 20.0）μm，壁厚（1.0 ~）1.5（~ 2.0）μm，顶壁不增厚，顶端具小孔帽，表面密生不规则或纵向排列的疣或条状突起，肉桂褐色，孔帽无色，柄无色，短（长20.0 ~ 25.0μm），脱落。

寄主：柠条锦鸡儿。

草地类：温性荒漠草原。

发生地点：内蒙古自治区乌兰察布市四子王旗。

毒豆单胞锈菌危害状况

危害部位：全株。

发病率：18.06%。

56.紫苜蓿白粉病

病菌：豆科内丝白粉菌 *Leveillula leguminosarum*

病菌特征：菌丝体生于叶的两面和茎上，叶背较多，存留，展生，形成毡状斑块。初生分生孢子极窄卵形，表面有小疣，（49.20 ～ 72.80）μm×（12.80 ～ 23.50）μm；子囊果埋于菌丝体中，褐色到暗褐色，顶视扁圆形，中央凹陷，侧视宽陀螺形，直径150.00 ～ 187.50（～ 225.00）μm，壁细胞不规则多角形，直径6.25 ～ 15.00（～ 20.00）μm；附属丝25 ～ 42根，生于子囊果赤道的下部，弯曲，分叉，有的有小疣，长度为子囊果直径的0.16 ～ 0.60（～ 0.80）倍，基部稍

豆科内丝白粉菌危害状况

粗（5.00～10.00μm），上部较细（3.75～7.50μm）；子囊17～20个，椭圆形、宽椭圆形，两侧不对称，有长柄，直或弯曲，内有油点或油块，（68.00～）80.00～104.00（～116.00）μm×26.00～34.00μm；子囊孢子2个（寄生在苜蓿上的豆科内丝白粉菌，子囊孢子2～3个），椭圆形、长椭圆形，21.00～37.50（～51.00）μm×12.00～17.50（～25.00）μm。

　　寄主：紫苜蓿。
　　草地类：温性典型草原。
　　发生地点：内蒙古自治区乌兰察布市凉城县。
　　危害部位：叶部。
　　发病率：68.42%。

57.紫苜蓿根腐病

　　病菌：枝状枝孢 *Cladosporium cladosporioides*
　　病菌特征：腐生或弱寄生在各种基物上，菌丝穿透基质，生橄榄绿色霉层，平铺状，偶有点状突起。菌落粉状或绒状，橄榄绿色，反面黑绿色，平铺，直径18mm。气生菌丝色暗，直径4.2～8.5μm，菌丝无色，直径5.4～12.5μm；分生孢子梗多侧生在菌丝上，不分枝，分隔处不缢缩，直立，产孢后不再延伸，不膨大，平滑或有细疣，淡褐色，具孢痕，（90.0～350.0）μm×（2.7～5.5）μm，平均182.0μm×4.2μm；枝孢0～1个隔膜，（13.0～28.0）μm×（3.2～5.4）μm，平均16.1μm×5.1μm；分生孢子顶生或侧生，形成分枝的孢子链，椭圆形、圆柱形、柠檬形、近球形，淡褐色，平滑，油镜下可见细疣，0～1个隔膜，大多数无隔膜，（3.2～14.8）μm×（2.7～5.4）μm，平均7.7μm×4.1μm；。

　　寄主：紫苜蓿。
　　草地类：温性典型草原。

枝状枝孢危害状况

发生地点：内蒙古自治区乌兰察布市卓资县。

危害部位：全株。

发病率：43.79%。

58.紫苜蓿锈病

病菌：条纹单胞锈菌 *Uromyces striatus*

病菌特征：夏孢子堆生于叶下面，圆形，直径0.2～0.8mm，散生，裸露，常有破裂的寄主表皮围绕，肉桂褐色，粉状；夏孢子近球形或椭圆形，（18.0～28.0）μm×（17.0～22.0）μm，壁厚1.5～2.0（～2.5）μm，表面有细刺，黄褐色，芽孔3～4（～5）个，腰生、近腰生或散生。冬孢子堆似夏孢子堆，栗褐色；冬孢子近球形、倒卵形或椭圆形，（17.0～25.0）μm×（15.0～20.0）μm，壁厚1.0～1.5（～2.0）μm，顶壁和小孔帽厚2.5～4.0μm，表面有形状、长短不一的纵向排列的条形疣或脊，肉桂褐色至栗褐色，柄无色，短，易断。

寄主：紫苜蓿。

草地类：温性典型草原。

发生地点：内蒙古自治区乌兰察布市丰镇市。

危害部位：全株。

发病率：29.55%。

条纹单胞锈菌危害状况

第六章　风险评估

一、评估内容

对乌兰察布市行政区内的害鼠、害虫、病害、毒害草分别进行风险评估。

（一）依据发生面积评估的方法

根据受害面积占所在旗（县、市、区）草地面积比例进行评估，评估标准如表1所示。

表1　受灾草地面积评估标准

评估结果	低风险	中风险	高风险
受灾面积占所在旗（县、市、区）草地面积比例（%）	<10	10～20	>20

（二）依据发生程度评估的方法

1. 害鼠

害鼠评估标准如表2所示。

表2　害鼠风险评估标准

害鼠	种类	捕获率（%）		
		低风险	中风险	高风险
地上害鼠	田鼠类	<3	3～10	>10
	沙鼠类	<3	3～10	>10
	跳鼠类	<3	3～10	>10
	兔尾鼠类	<3	3～10	>10
	鼠兔类	<3	3～10	>10
	黄鼠类	<3	3～10	>10
地下害鼠	鼢鼠类	<3	3～10	>10

地上害鼠：指营地面生活并对草原造成危害或具备对草原造成危害能力的啮齿动物。其中，田鼠类主要包括布氏田鼠、狭颅田鼠、根田鼠、青海田鼠等；沙鼠类主要包括大沙鼠、长爪沙鼠、子午沙鼠、柽柳沙鼠等；跳鼠类主要包括三趾跳鼠、五趾跳鼠等；兔尾鼠类主要包括黄兔尾鼠、草原兔尾鼠等；鼠兔类主要包括高原鼠兔、褐斑鼠兔、达乌尔鼠兔、藏鼠兔等；黄鼠类主要包括达乌尔黄鼠、阿拉善黄鼠、赤颊黄鼠、长尾黄鼠等。

地下害鼠：指营地下生活并对草原造成危害或具备对草原造成危害能力的啮齿动物。主要包括高原鼢鼠、东北鼢鼠、草原鼢鼠、甘肃鼢鼠、斯氏鼢鼠、中华鼢鼠、鼹形田鼠等。

2. 害虫

害虫评估标准如表3所示。

表3 害虫风险评估标准

害虫	种类		虫口密度（头/m²、头/标准枝）		
			低风险	中风险	高风险
迁飞性害虫	蝗虫类（2~4龄若虫）		<0.5	0.5~1.0	>1.0
	草地螟（幼虫）		<15	15~30	>30
非迁飞性害虫	蝗虫类 （2~4龄若虫）	小型	<25	25~50	>50
		中型	<15	15~30	>30
		大型	<5	5~10	>10
		混合型	<20	20~40	>40
	草地毛虫类（3~4龄幼虫）		<30	30~60	>60
	夜蛾类（幼虫）		<20	20~40	>40

迁飞性蝗虫：指能够远距离迁飞和成群的蝗虫，主要包括东亚飞蝗、亚洲飞蝗、西藏飞蝗和沙漠蝗等。

非迁飞性蝗虫：指除飞蝗属和沙漠蝗属以外的直翅目蝗总科以及蚱总科的害虫。其中，大型蝗虫为成虫体长大于40mm的种类，主要包括笨蝗、癞蝗；中型蝗虫为成虫体长在20 ~ 40mm的种类，主要包括星翅蝗、网翅蝗、小车蝗、尖翅蝗、皱膝蝗、痂蝗、曲背蝗等；小型蝗虫为成虫体长小于20mm的种类，主要包括棒角蝗、蚁蝗和雏蝗等。

3. 毒害草

毒害草评估标准如表4所示。

表4　毒害草风险评估标准

种类	植被盖度（%）		
	低风险	中风险	高风险
新入侵（外来）毒害草	—	—	>0
一般毒害草	<30	30～60	>60

　　毒害草是一类植物的统称，主要指外来入侵植物和草原非优势建群草种，即受超载过牧、气候异常变化等因素影响，在天然草原上肆意繁殖，造成原生植被大量消亡，进而降低草原生物多样性，最终引起草原退化的植物。

　　毒害草也包括含有对牲畜有毒的成分，使牲畜采食后死亡或导致机体受到长期性或暂时性伤害的植物，或者本身无毒，但株体具有钩刺或芒等结构，导致草原草品质下降，且对牲畜造成严重伤害的植物。

4. 病害

　　病害评估标准如表5所示。

表5　病害风险评估标准

评估结果	低风险	中风险	高风险
发病率（%）	<30	30～60	>60

二、评估结果

（一）基本情况

　　根据统计，普查共发现可对草原植物造成危害的害鼠10种，害虫31种，毒害草41种，病害58种。

（二）风险等级划分

　　通过构建草原有害生物危害性评估体系，对草原有害生物进行危害性评估，并划分为3个风险等级。

1. 高风险

　　达到高风险等级的害鼠有1种，害虫有1种，毒害草有3种，病害有5种。
　　害鼠达到高风险的旗（县）有四子王旗和商都县，全部为达乌尔黄鼠。
　　害虫达到高风险的旗为四子王旗，危害物种为沙葱萤叶甲。
　　毒害草达到高风险的旗（县、区）共有4个，分别是集宁区、化德县、凉城县、察右中旗。其中，分布在集宁区和化德县的高风险毒害草为黄花刺茄；分布在凉城县的高风险毒害草为小蓬草；分布在察右中旗的高风险毒害草为野燕麦。

病害达到高风险的旗（县）共有3个，分别是凉城县、商都县和四子王旗。其中，分布在凉城县的高风险病害主要为白粉病，分别是兴安胡枝子白粉病、紫苜蓿白粉病和披针叶野决明白粉病；分布在商都的高风险病害为狗尾草叶斑病；分布在四子王旗的高风险病害为蓝刺头锈病。

2. 中风险

达到中风险等级的害鼠有2种，害虫有4种，毒害草有2种，病害有27种。

中风险害鼠分布情况：从害鼠的密度上看，达乌尔黄鼠和长爪沙鼠达到中风险等级。其中，达乌尔黄鼠主要分布在察右前旗、察右中旗、凉城县、商都县、四子王旗和兴和县，在商都县、察右中旗和四子王旗的分布范围较大；长爪沙鼠主要分布在四子王旗，化德县有小范围分布。

从害鼠发生的面积来看，达乌尔黄鼠在察右后旗、化德县、集宁区和商都县的分布面积均超过草地面积的10%，达到中风险水平。

中风险害虫分布情况：从害虫的密度上看，白边痂蝗、毛足棒角蝗和亚洲小车蝗分布范围较大。其中，白边痂蝗主要分布在察右中旗、凉城县和四子王旗，兴和县和商都县有小范围分布；毛足棒角蝗主要分布在察右后旗、察右中旗、察右前旗、化德县、集宁区和卓资县，兴和县和商都县有小范围分布；亚洲小车蝗主要分布在四子王旗，兴和县和商都县有小范围分布。宽翅曲背蝗在凉城县有小范围分布。

从害虫发生的面积来看，白边痂蝗在察右中旗和凉城县的分布面积均超过草地面积的10%，达到中风险水平；毛足棒角蝗在察右前旗、化德县和集宁区的分布面积均超过草地面积的10%，达到中风险水平，宽翅曲背蝗在丰镇市的分布面积超过草地面积的10%，达到中风险水平。

中风险毒害草分布情况：四子王旗和兴和县分布有中风险毒害草。其中，分布在四子王旗的中风险毒害草为麻叶荨麻；分布在兴和县的中风险毒害草为狼毒。

中风险病害分布情况：除化德县与集宁区外，其他各旗（县、市）均分布有中风险病害。其中，察右后旗的中风险病害主要为车前白粉病和藜真菌病害；察右前旗的中风险病害主要为锈病，具体为胡枝子锈病、狼毒真菌病害、委陵菜锈病、委陵菜叶斑病和羊草锈病；察右中旗的中风险病害主要为白粉病和真菌病害，具体为瓣蕊唐松草白粉病、狼毒真菌病害、大籽蒿白粉病和鸢尾叶斑病；丰镇市的中风险病害主要为白粉病和真菌病害，具体为草木樨白粉病、菊白粉病和委陵菜叶斑病；凉城县的中风险病害主要为锈病和白粉病，具体为多裂委陵菜锈病、金露梅真菌病害、菊白粉病、蒲公英锈病和斜茎黄芪白粉病；商都县的中风险病害主要为锈病和真菌病害，具体为藜真菌病害、蒲公英锈病和星毛委陵菜锈病；四子王旗的中风险病害主要为叶斑病，具体为车前白粉病、车前叶斑病、二色补血草真菌病害和紫苜蓿锈病；兴和县的中风险病害主要为真菌病害，具体为花苜蓿白粉病、地榆叶斑病、金露梅真菌病害和一叶萩真菌病害；卓资县的中风险病害主要为白粉病和锈病，具体为草木樨白粉病、草木樨状黄芪白粉病、兴安胡枝子白粉病、麻花头锈病、羊草锈病、紫苜蓿根腐病和紫苜蓿锈病。

3. 低风险

达到低风险等级的害鼠有8种，害虫有26种，毒害草有39种，病害有28种，乌兰察布市各旗（县、市、区）均分布有低风险害鼠、害虫、毒害草、病害。

害鼠：黑线仓鼠、大沙鼠、棕色田鼠、子午沙鼠、中华鼢鼠、三趾跳鼠、五趾跳鼠、小毛足鼠。

害虫：暗褐蝈螽、阿拉善懒螽、中华剑角蝗、李氏大足蝗、短星翅蝗、中华稻蝗、黄胫小车蝗、蒙古束颈蝗、轮纹异痂蝗、大胫刺蝗、鼓翅皱膝蝗、红翅皱膝蝗、大垫尖翅蝗、白纹雏蝗、华北雏蝗、黑翅雏蝗、笨蝗、突鼻蝗、草地螟、绿芫菁、苹斑芫菁、蒙古斑芫菁、中华豆芫菁、黑翅痂蝗、邱氏异爪蝗、红腹牧草蝗。

毒害草：毛茛、翠雀、北乌头、西伯利亚乌头、瓣蕊唐松草、亚欧唐松草、腺毛唐松草、苍耳、飞廉、蓝刺头、砂蓝刺头、刺儿菜、猬菊、火媒草、小蓬草、假鹤虱齿缘草、鹤虱、毒芹、中国马先蒿、红纹马先蒿、猫头刺、砂珍棘豆、小花棘豆、披针叶野决明、苦豆子、苦马豆、骆驼蓬、蒺藜、曼陀罗、天仙子、黄花刺茄、毛打碗花、乳浆大戟、野西瓜苗、野罂粟、野燕麦、地梢瓜、草麻黄、反枝苋。

病害：白刺叶斑病、苍耳叶斑病、二裂委陵菜叶斑病、白萼委陵菜褐斑病、胡枝子叶斑病、窄叶蓝盆花真菌病害、山野豌豆叶斑病、山野豌豆白粉病、山野豌豆锈病、叉分蓼褐斑病、西伯利亚蓼叶斑病、西伯利亚蓼褐斑病、垂果南芥白粉病、花苜蓿白粉病、萹蓄锈病、蓝刺头白粉病、乳白香青褐斑病、旋覆花叶斑病、角蒿白粉病、野艾蒿褐斑病、野艾蒿锈斑病、蒙古蒿白粉病、大籽蒿白粉病、大籽蒿叶斑病、驼绒藜病毒病、羊草白粉病、羊草褐斑病、柠条锦鸡儿锈病。

第七章　预防与治理策略

一、预防对策

（一）监测预报

建立完善的有害生物监测网络，通过定期巡查、虫情调查和病害监测等手段，及时获取有害生物的发生情况和趋势，为预防和治理提供科学依据。

（二）发生区划分

根据有害生物的分布情况和危害程度，将草原划分为不同的发生区，有针对性地开展预防和治理工作。重点关注高危区域，加强监测和防控措施。

（三）风险区划

根据草原生态环境、气候条件和有害生物的生物学特性，将草原划分为不同的风险区，对高风险区域采取更加严格的预防和治理措施，减少有害生物的侵害。

二、治理对策

（一）防治种类

根据不同的有害生物类型，采取相应的防治手段。对于害鼠，可采用化学防治、生物防治和物理防治等方法；对于害虫，可采用生物和化学制剂防治、天敌防治等方法；对于毒害草，可以采用药剂防治和机械铲除等方法；对于病害，可采用生物防治、化学防治和农艺防治等方法。

（二）防治范围

根据有害生物的分布范围和危害程度，确定治理范围。针对重点区域，可选择集中治理，也可采取分散治理，具体实施需根据实际情况进行调整。

（三）防治技术措施

根据具体的有害生物和草原环境特点，选择合适的技术措施进行防治。例如，在害鼠防治中，可以采用投放毒饵、设置捕鼠器具、施用生物防治剂等技术手段；在害虫防治中，可以采用昆虫性信息素诱捕、喷洒生物和化学制剂等技术手段；在毒害草防治中，可以采用割草、烧草、喷洒除草剂等技术手段；在病害防治中，可以采用选育病害耐病品种、施用病害防治剂等技术手段。

三、治理成效

（一）生态效益

有害生物治理可对生态系统产生积极影响。减少有害生物对草原植被和生态系统的破坏，有助于保护生态系统的稳定性和完整性。同时，减少有害生物对草原植物的食害和破坏，可提高草原的植被覆盖度和生产力。此外，有效的治理还能减少外来入侵物种与本地物种的竞争，从而保护草原的物种多样性。

（二）社会效益

有害生物治理可产生多重社会效益。有害生物治理可以减少害虫和害鼠对农作物的危害，确保农民的粮食产量和收入，从而保障粮食安全。有害生物治理可以减少传播疾病的媒介生物，降低疾病传播的风险，保护人民的健康和生命安全。此外，有效的治理还能减少有害生物对人类生产生活的干扰和危害，维护社会的稳定和安宁。

（三）经济效益

有害生物治理可产生多重经济效益，有害生物治理可以减轻害鼠、害虫、毒害草、病害等对植被的影响，使植被正常生长，不仅提高了草地生产力，也能为牲畜提供更充足的饲料，提升经济效益。有害生物治理可以避免有害生物对草原土壤的侵蚀和对植被的侵害，降低了草地修复所需的昂贵人力和物力投入，这不仅减轻了草地相关生产工作者的负担，更有助于生态环境保护和草地管理及日常维护，减少了潜在的经济负担。有害生物治理可以改善牲畜饲养环境，降低牲畜在饲养过程中受到侵害的风险，不仅促进牲畜产量显著提升，使畜牧业产值增加，还为当地提供了更好的经济发展条件。

总体而言，有害生物治理可为草原的可持续管理创造坚实的基础，维护草地生态系统的稳定，促进相关经济产业的稳健发展。

REFERENCES 参考文献

内蒙古植物志编辑委员会, 1989. 内蒙古植物志: 第 3 卷 [M]. 2 版. 呼和浩特: 内蒙古人民出版社.

内蒙古植物志编辑委员会, 1991. 内蒙古植物志: 第 2 卷 [M]. 2 版. 呼和浩特: 内蒙古人民出版社.

内蒙古植物志编辑委员会, 1992. 内蒙古植物志: 第 4 卷 [M]. 2 版. 呼和浩特: 内蒙古人民出版社.

内蒙古植物志编辑委员会, 1994. 内蒙古植物志: 第 5 卷 [M]. 2 版. 呼和浩特: 内蒙古人民出版社.

内蒙古植物志编辑委员会, 1998. 内蒙古植物志: 第 1 卷 [M]. 2 版. 呼和浩特: 内蒙古人民出版社.

中国科学院中国孢子植物志编辑委员会, 1987. 中国真菌志: 第 1 卷 [M]. 北京: 科学出版社.

中国科学院中国孢子植物志编辑委员会, 1998. 中国真菌志: 第 10 卷 [M]. 北京: 科学出版社.

中国科学院中国孢子植物志编辑委员会, 1998. 中国真菌志: 第 8 卷 [M]. 北京: 科学出版社.

中国科学院中国孢子植物志编辑委员会, 1998. 中国真菌志: 第 9 卷 [M]. 北京: 科学出版社.

中国科学院中国孢子植物志编辑委员会, 2003. 中国真菌志: 第 15 卷 [M]. 北京: 科学出版社.

中国科学院中国孢子植物志编辑委员会, 2003. 中国真菌志: 第 20 卷 [M]. 北京: 科学出版社.

中国科学院中国孢子植物志编辑委员会, 2005. 中国真菌志: 第 25 卷 [M]. 北京: 科学出版社.

中国科学院中国孢子植物志编辑委员会, 2009. 中国真菌志: 第 31 卷 [M]. 北京: 科学出版社.

中国科学院中国孢子植物志编辑委员会, 2017. 中国真菌志: 第 14 卷 [M]. 北京: 科学出版社.

中国科学院中国孢子植物志编辑委员会, 2017. 中国真菌志: 第 16 卷 [M]. 北京: 科学出版社.

中国科学院中国孢子植物志编辑委员会, 2017. 中国真菌志: 第 19 卷 [M]. 北京: 科学出版社.

中国科学院中国孢子植物志编辑委员会, 2017. 中国真菌志: 第 24 卷 [M]. 北京: 科学出版社.

中国科学院中国孢子植物志编辑委员会, 2017. 中国真菌志: 第 41 卷 [M]. 北京: 科学出版社.

中国科学院中国孢子植物志编辑委员会, 2017. 中国真菌志: 第 6 卷 [M]. 北京: 科学出版社.

中国科学院中国孢子植物志编辑委员会, 2021. 中国真菌志: 第 62 卷 [M]. 北京: 科学出版社.

中国科学院中国动物志编辑委员会, 1900. 中国动物志: 第 12 卷 [M]. 北京: 科学出版社.

中国科学院中国动物志编辑委员会, 2000. 中国动物志: 第 6 卷 [M]. 北京: 科学出版社.

中国科学院中国动物志编辑委员会, 2006. 中国动物志: 第 43 卷 [M]. 北京: 科学出版社.

中国科学院中国动物志编辑委员会, 2014. 中国动物志: 第 57 卷 [M]. 北京: 科学出版社.

中国科学院中国动物志编辑委员会, 2014. 中国动物志: 第 61 卷 [M]. 北京: 科学出版社.

中国科学院中国动物志编辑委员会, 2016. 中国动物志: 第 32 卷 [M]. 北京: 科学出版社.

中国科学院中国动物志编辑委员会, 2016. 中国动物志: 第 63 卷 [M]. 北京: 科学出版社.

图书在版编目（CIP）数据

乌兰察布市草原有害生物彩色图鉴 / 张东红, 侯鑫狄主编. -- 北京 : 中国农业出版社, 2025.6.
ISBN 978-7-109-32954-6

Ⅰ. Q95-64；S45-64

中国国家版本馆CIP数据核字第2025WE5546号

中国农业出版社出版

地址：北京市朝阳区麦子店街18号楼
邮编：100125
责任编辑：刁乾超　李昕昱　　文字编辑：孙蕴琪
版式设计：王　怡　　责任校对：吴丽婷　　责任印制：王　宏
印刷：北京中科印刷有限公司
版次：2025年6月第1版
印次：2025年6月北京第1次印刷
发行：新华书店北京发行所
开本：787mm×1092mm　1/16
印张：10
字数：288千字
定价：128.00元